基本化学シリーズ
14

新有機化学概論

務台 潔
●著

朝倉書店

『基本化学シリーズ』
刊行に当たって

　学部教育の"大綱化"を受け，戦後の50年にわたる高等教育の総括が，各大学で進められている．とくに初年度における専門教育へのソフトランディングをはかるための，いわゆる専門基礎教育が重要視されており，教育改革の成否を分ける天王山とすらいわれている．広範な論議を避けては通れないきわめて重要な問題であり，講義担当者間のみでの独善的な結論であってはならず，必ず全課程にかかわる多くの教官の参加を得た4年一貫教育体系内に完全に容認されたものでなければならないと考えられている．

　このような論議を重ねることによりわれわれは学問のすべてに答えるといった"啓蒙"型のものでなく，学生の立場にともに立ち，いろいろの専門教育への"予告編"となり，さらに学生おのおのがさまざまな答を導き出すバックグラウンドの実用的な情報を提供する"テキスト"こそ必要不可欠のものであるとの基本信念をもつようになった．そこで理工系（理・工・薬・農学部）化学関係学科に焦点を絞り，各専門教育につなげる専門基礎化学のテキストとして編むことにした．教育経験が豊富で，また第一線の研究者として活躍しておられる先生がたに各巻を担当していただくことにし，より高度な問題をより平易に解説するよう，さらなる合議を重ねここに刊行するに至った．

　本シリーズは，基礎を初めて学ぶ人のためのテキストであるから，本書で触れていない（各個の専門的）事柄については，すべて各冊に例示した文献にその詳細な記述を譲ってある．これから専門という荒波に船出する学生にとって，本シリーズが小さな指針の役を果たすならば，われわれにとってこれにまさる喜びはない．学生諸子の今後の健闘を切に祈る．

　本シリーズの刊行実現に際し多大の時間を費やしてくれた朝倉書店諸氏に感謝の意を表する．

　　1995年春

代表　山田和俊

本書を読む前に

　本書は，筆者が東京大学の教養学部で理科の学生のために行ってきた「有機化学」という半年間の講義ノートをもとにしたものである．東京大学の場合，講義の対象となる学生はまだ専門が決まっていない．そこで私は，この講義の重点を，多くの断片的な知識を提供することではなく，"物質を扱う"化学という学問とはどういうものなのか理解してもらうことに置いてきた．幸いなことに，このような目的には有機化合物は大変に好都合な化学物群で，前提となる知識はごく基本的なことだけでよく，理解しにくい難解な理論のようなものはない．本書も上記の方針を採用して，化合物の構造とその性質・反応をどのように結びつけて理解したらよいかという点を記述の中心の主題とした．また，化合物の示すさまざまな振舞いについて，「何故か？」という疑問にできるだけ答えられるように書いた．と同時に，有機化学者として当然のことであるが，有機化学という学問の面白さにも触れてもらえるようにした．入門書にしては少し突っ込んで論じている，と思われる箇所があるかもしれないが，それは，当然起こるであろう読者の疑問になるべく答えられるようにしたためである．

　このようなこともあって，本書では知識を押しつける型の記述は減らし，ある現象の解釈を示したらその証拠となる資料を提示する，あるいは資料を提示してそれからどんな結論が引き出せるかを考える，というように，なるべく資料に語らせるという手法を採った．本書を読んで，有機化学，ひいては化学という学問の面白さに気がついて下さる読者が少しでも増えれば，私としてはこれにまさる喜びはない．

　一応，『有機化学概論』となっているので，有機化学の基礎として知っておくべき項目はひととおり網羅したつもりである．ただし上に述べたような意図もあって，例えば命名法は必要最低限にとどめた．一方で，絶対配置の表示法などは，入門書としては必ずしも必要な項目ではないかもしれないが，そのような箇所は教科書として使われる際には参考資料として扱っていただけばよいと思っている．

2000 年 7 月

　　　　　　　　　　　　　　　　　　　　　　　　　　　　　　著　　者

目　　次

1. **有機化学を学習するにあたって** ……………………………………………………1
    1.1 有機化合物とは …………………………………………………………………1
    1.2 有機化合物の分類と命名法 ……………………………………………………2
        化合物の分類と官能基　2 ／ 命名法　3
    1.3 化学結合の基礎 …………………………………………………………………4
        共有結合と極性結合　4 ／ 結合モーメントと双極子モーメント　5
    1.4 分子間に作用する力 ……………………………………………………………6
        水素結合　6 ／ ファンデルワールス力　6
    1.5 酸 と 塩 基 ………………………………………………………………………7
        定　義　7 ／ 酸と塩基の強さ─酸解離定数　8

2. **脂肪族飽和炭化水素──有機化合物の基本構造** ……………………………10
    2.1 鎖状飽和炭化水素─アルカン ………………………………………………10
        アルカンとアルキル基の構造と名称　11 ／ 命名規則　12 ／ 異性体
        13 ／ アルカン炭素原子の電子構造─sp^3混成軌道　15 ／ 性質と
        反応　16 ／ アルカンの合成　19
    2.2 脂環式飽和炭化水素 ……………………………………………………………20
        脂環式炭化水素とは　20 ／ 炭素環の命名規則　20 ／ 異性体　21 ／
        小員環の結合ひずみ　22 ／ 性　質　23

3. **飽和炭化水素の立体構造** ………………………………………………………25
    3.1 炭素の結合状態 …………………………………………………………………25
    3.2 立体配座と回転異性体 …………………………………………………………26
    3.3 シクロアルカンの構造 …………………………………………………………29
        シクロヘキサンの立体配座　29 ／ シクロペンタンの構造　32

4. **ア ル ケ ン** ………………………………………………………………………34

- 4.1 アルケンの名称と構造 …………………………………… 34
- 4.2 異性体 …………………………………………………… 35
- 4.3 二重結合の構造—sp² 混成状態 ………………………… 37
- 4.4 アルケンの反応 ………………………………………… 41
- 4.5 付加反応の機構とマルコウニコフ則 …………………… 45
  - 付加反応の機構 45 / マルコウニコフ則 47
- 4.6 アルケンの合成 ………………………………………… 49

5. アルキン …………………………………………………… 51
- 5.1 アルキンの名称と構造 ………………………………… 51
- 5.2 三重結合の構造—sp 混成状態 ………………………… 52
- 5.3 アルキンの性質 ………………………………………… 53
  - アセチレンの不安定性 54 / 三重結合への付加反応 55 /
  - 酸化 56 / アセチリド（金属化合物）の生成 56
- 5.4 アルキンの合成 ………………………………………… 58

6. 複数の不飽和結合をもった化合物 ………………………… 60
- 6.1 アレン（プロパジエン）………………………………… 60
  - 炭素原子の混成状態 60 / 異性体 61
- 6.2 1,3-ブタジエン—共役二重結合 ………………………… 62
  - 1,4-付加反応 62 / 水素化熱 63 / 電子スペクトル 63
- 6.3 テルペン ………………………………………………… 65
  - 天然ゴム 65 / 合成ゴム 66 / イソプレンのオリゴマー 67

7. 芳香族炭化水素 …………………………………………… 70
- 7.1 芳香族炭化水素の名称 ………………………………… 70
  - 芳香族炭化水素 70 / 炭化水素基 72 / 異性体 72
- 7.2 ベンゼンの電子構造 …………………………………… 73
- 7.3 共鳴 ……………………………………………………… 75
  - 共鳴と共鳴構造 75 / 共鳴の効用と限界 78
- 7.4 芳香族性 ………………………………………………… 79
- 7.5 共鳴構造の書き方 ……………………………………… 80
- 7.6 ベンジルカチオンとベンジルアニオン ………………… 82
- 7.7 芳香族炭化水素の合成 ………………………………… 83

8. 立体化学——鏡像異性 ……………………………………………… 86
  8.1 キラリティー ……………………………………………………… 86
  8.2 キラルな分子の特性—旋光性 …………………………………… 88
  8.3 動きうる構造のキラリティー …………………………………… 89
  8.4 キラルであるための条件 ………………………………………… 91
  8.5 絶対配置を表す構造式—フィッシャー投影 …………………… 92
  8.6 不斉原子をもたないキラルな分子 ……………………………… 94
  8.7 絶対配置の表示—R, S 表示 …………………………………… 95
      R, S 表示の方法　95　/　順位則　96

9. ハロゲン置換炭化水素 …………………………………………… 100
  9.1 ハロゲン化合物の名称 …………………………………………… 100
  9.2 物理的性質 ………………………………………………………… 101
      極性の大きな結合の形成　101　/　水に難溶—親油性　102
  9.3 化学的性質 ………………………………………………………… 102
      毒　性　102　/　求核置換反応—S_N1 反応と S_N2 反応　103　/　置換反応の立体化学　107　/　脱離反応—E 1 反応と E 2 反応　108　/　グリニャール試薬とグリニャール反応　110
  9.4 ハロゲン化合物の合成 …………………………………………… 112

10. アルコールとフェノール ………………………………………… 116
  10.1 アルコールとフェノールの名称 ………………………………… 116
       アルコールの名称　116　/　フェノールの名称　117　/　アルコールの構造による分類　118
  10.2 物理的性質 ………………………………………………………… 118
       水素結合の存在　118　/　水に対する溶解度　119
  10.3 化学的性質 ………………………………………………………… 120
       酸　性　120　/　塩基性　123　/　脱水反応　123　/　ハロゲン化水素によるハロゲン化　124　/　エーテルの合成　124　/　酸化反応　125
  10.4 アルコールの合成 ………………………………………………… 126

11. エーテル …………………………………………………………… 129
  11.1 エーテルの名称 …………………………………………………… 129
  11.2 物理的性質 ………………………………………………………… 130

　　　　沸　点　130 ／ 水に対する溶解度　131 ／ エーテルの溶媒和　131
　11.3　化学的性質 ……………………………………………………………………133
　　　　塩基性—酸に対する溶解度　133 ／ 酸による開裂　134 ／ 過酸化物の生成　134
　11.4　エーテルの合成 …………………………………………………………………135

12. カルボニル化合物——アルデヒドとケトン …………………………………137
　12.1　カルボニル化合物の命名法 ……………………………………………………137
　　　　アルデヒドの命名法　137 ／ ケトンの命名法　138
　12.2　物理的性質 ………………………………………………………………………139
　　　　水素結合　139 ／ 極　性　140 ／ 二重結合との共役　140
　12.3　化学的性質 ………………………………………………………………………141
　　　　塩基性　141 ／ 求核試薬との反応　141 ／ エノールの存在—互変異性　144 ／ 酸　性　146 ／ ハロゲン化　146 ／ アルドール縮合　148 ／ アルデヒドの還元性　149 ／ 還元によるアルコールの生成　149
　12.4　カルボニル化合物の合成 ………………………………………………………150

13. ア　ミ　ン …………………………………………………………………………154
　13.1　アミンの命名法 …………………………………………………………………154
　　　　アミンの分類　154 ／ 命名法　155
　13.2　性質と反応 ………………………………………………………………………156
　　　　におい　156 ／ アミン窒素の立体化学　156 ／ 塩基性　157 ／ 水素結合　159 ／ 求核試薬としての反応　159 ／ 亜硝酸との反応　160
　13.3　アミンの合成 ……………………………………………………………………162

14. カ　ル　ボ　ン　酸 …………………………………………………………………166
　14.1　カルボン酸の命名法 ……………………………………………………………166
　14.2　性質と反応 ………………………………………………………………………168
　　　　酸　性　168 ／ 水素結合　170 ／ 塩基性　171
　14.3　ア　ミ　ノ　酸 …………………………………………………………………171
　14.4　カルボン酸の合成 ………………………………………………………………173

15. カルボン酸誘導体 …………………………………………………………………177
　15.1　カルボン酸誘導体の種類と共通の性質 ………………………………………177

　　　　誘導体の種類と構造　*177* / 共通の構造——アシル基　*178* / 共通の性
　　　　質　*178*
　15.2　エステル ……………………………………………………………………179
　　　　命名法　*179* / 性　質　*180* / 反　応　*180* / 合　成　*182*
　15.3　アミド …………………………………………………………………………182
　　　　命名法　*182* / 性質と反応　*183* / 合　成　*184*
　15.4　酸無水物 ………………………………………………………………………185
　15.5　酸塩化物 ………………………………………………………………………185

16．ニトロ化合物と芳香環への置換反応 ……………………………………187
　16.1　命名法とニトロ基の構造 ……………………………………………………187
　　　　命名法　*187* / ニトロソ基の構造　*187* / ニトロ基の構造　*188*
　16.2　ニトロ化反応と求電子置換反応の配向性 …………………………………188
　　　　ニトロ化反応　*188* / モノ置換ベンゼンのニトロ化　*189* / 配向性の
　　　　説明　*190* / 配向性を利用した合成　*193*

演習問題の解答 ……………………………………………………………………………197
索　　引 ……………………………………………………………………………………209

1

有機化学を学習するにあたって

1.1 有機化合物とは

　有機化学は有機化合物を対象とする学問である．これはあたりまえのことであるが，では有機化合物の定義はと問われると，即座に答えられる人は少ないのではないだろうか．まず思いつくのが，有機化合物は炭素の化合物，という定義である．しかし，それならば一酸化炭素や二酸化炭素，あるいはもう少し構造の複雑な炭酸ナトリウムは有機化合物だろうか．これらは普通，無機化合物として扱われていて，有機化合物の仲間には入れられていない．考えてみるとこれらの化合物はいずれも炭素の数が1個である．それならば，炭素-炭素結合をもった化合物，としてはどうだろうか．確かにこうすると無機化合物は紛れ込んでこないようである．ところが，メタン，メタノール，ギ酸などはどれも炭素原子を1個しかもっていないが，どの有機化学の教科書にも登場する代表的な有機化合物である．困ったことに，上の定義からはこのような化合物がはずれてしまう．これはやはり具合が悪い．そこで現在は，はじめに述べた定義にただし書きを加えて，「一酸化炭素，二酸化炭素，シアン化物，炭酸塩などを除く炭素の化合物」のようにしている．

　さて，このように炭素を含むことを基準にしてまとめられた有機化合物という化合物の集団には，次のような特徴がある．

① 炭素-炭素間の共有結合は非常に強く安定である．また炭素は有機化合物の第二の構成元素といえる水素とも安定な結合をつくるほか，窒素，酸素，ハロゲン，硫黄（ヘテロ元素という）などとも安定な結合をつくる．

② 結合が安定なため，様々な構造の化合物が可能となり，その数は無限である．

③ 分子式が同じで構造が異なる化合物（異性体）が存在するものが多い．

④ 炭素-炭素単結合や炭素-水素結合は反応性が小さいので，化合物の反応性は分子中に存在するそれ以外の原子や原子団（官能基という）によって決まることが多い．

1.2 有機化合物の分類と命名法

1.2.1 化合物の分類と官能基

このような特徴をもった化合物集団を扱うには，まずどのように分類するか，例えば含まれている炭素の数とか官能基の種類とか，決めておかなければならない．そのうえで，個々の化合物にどのような名前をつけるか考える．このことは植物や動物を分類して名前をつけるのとよく似ている．まず分類であるが，炭素の結合の仕方と炭素以外の元素が含まれるかどうかによって，おおまかに次のように分類する（図1.1）．

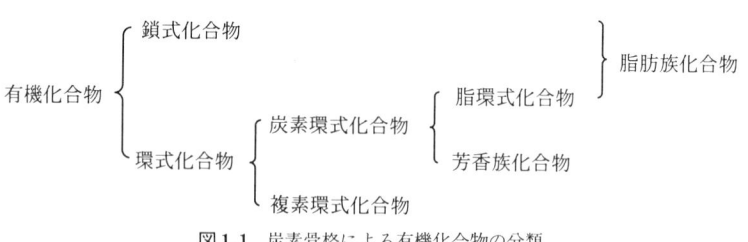

図1.1 炭素骨格による有機化合物の分類

残念ながら，この分類はあまりにもおおざっぱすぎて，個々の化合物の性質や反応をこの分類から推測することはほとんど不可能である．別の言い方をすると，有機化合物の特性は炭素の結合様式だけでなく，官能基と呼ばれる原子

表1.1 代表的な官能基

	構造	置換基名	代表的な化合物
炭素の官能基	$-C=C-$ $-C\equiv C-$		アルケン アルキン
酸素を含む官能基	$-OH$ $-OCH_3$ $-CH=O$ $>C=O$ $-COOH$ $-COOR$	ヒドロキシ hydrroxy メトキシ methoxy ホルミル formyl オキソ oxo カルボキシ carboxy アルコキシカルボニル alkoxycarbonyl	アルコール エーテル アルデヒド ケトン カルボン酸 エステル
窒素の官能基	$-NH_2$ $-CN$	アミノ amino シアノ cyano	アミン ニトリル
ハロゲンの官能基	$-F$ $-Cl$ $-Br$ $-I$	フルオロ fluoro クロロ chloro ブロモ bromo ヨード iodo	ハロゲン化合物 (ハロゲン化物)
硫黄の官能基	$-SH$ $-SO_3H$	メルカプト mercapto スルホ sulfo	チオール（メルカプタン） スルホン酸

あるいは原子団に大きく依存している．官能基*の代表的なものを表1.1に示す．

*：特性基という言葉もほとんど同じ意味で使われるが，官能基と異なって二重結合や三重結合は特性基には入らない．

　したがって，有機化合物に対しては炭素骨格だけでなく官能基を中心とした分類を加味した方が有効である．しかしこの分類についてはここでは述べない．というのは，第2章以降のそれぞれの章がこの分類に従って構成してあるからである．

1.2.2 命名法

　有機化合物のようにその数が膨大で，しかも互いによく似た構造をもったものを区別するためには，それぞれに名前をつける（命名する）必要がある．それも，勝手に命名するのではなく，一定の規則に従ってつけ，その規則に従えば誰が命名しても同じ名前になり，またその命名法に従ってつけた名前をみれば誰でもその化合物の構造がわかるようにする必要がある．現在，化学の分野

ではIUPAC*命名規則が定められていて，大部分の化合物はこの方法で問題なく命名できるようになっている．

＊：Internation Union of Pure and Applied Chemistry（国際純正・応用化学連合）の略．アイユーパックと読む．

しかし，化学の歴史をたどってみると，はじめから命名規則があったわけではない．発見された化合物の数が少なかった時代には，発見者が適当な名前（多くの場合は抽出の対象になったものに由来）をつけていた．またそれで大きな混乱を起こすことはなかったのである．例えば，エチレン，ベンゼン，酢酸といった名前はいずれも命名規則によらないものである．現在はこのような名前を，慣用名，通俗名あるいは非組織名などと呼んで，IUPAC命名規則による名前（組織名）と区別している．ただし一部の化合物に限っては慣用名を組織名の代わりに使ってもよいと認められているので，われわれが実際に使っている名前には慣用名が混ざっている．上にあげた名前は，じつは使用が認められている慣用名の例でもある．

命名法は重要ではあるが，化学を専門とする人以外には（じつは化学の専門家でも）あまり興味のもてる問題ではない．しかも，その内容を詳しく述べると1冊の本になるくらいの量がある．本書では，入門書であることを考慮して，命名法については必要最低限にとどめることにした．

1.3 化学結合の基礎

この節では第2章以降で必要となる化学結合の基礎的知識を述べる．化学結合論についてすでに学習している読者はとばして読んでいただいてよい．

1.3.1 共有結合と極性結合

2個の電子を使って2つの原子の間でつくる結合を共有結合という．有機化合物を構成する基本となるC-C結合やC-H結合，さらに多くのヘテロ原子と炭素原子との結合も共有結合である．

同じ共有結合でも，結合にかかわる2つの元素の組合せによって，結合エネルギーにも結合にあずかる電子の分布の仕方にも違いがでてくる．後者の電子

表1.2 おもな元素の電気陰性度[a]

H						
2.1						
Li	Be	B	C	N	O	F
1.0	1.5	2.0	2.5	3.0	3.5	4.0
Na	Mg	Al	Si	P	S	Cl[b]
0.9	1.2	1.5	1.8	2.1	2.5	3.0

a：数値自体は定性的なもので，大小関係だけに意味がある．
b：他のハロゲン元素については，Brが2.8，Iが2.5．

分布はそれぞれの元素が電子を引きつけようとする力，すなわち電気陰性度に関係する．2つの元素間の電気陰性度に差があれば，共有結合にかかわる電子は電気陰性度のより大きな元素の側に偏って存在するので，その元素はより負電荷を帯び，もう一方の元素は正の電荷を帯びる．すなわち，その結合は極性結合となる．当然，その極性の程度は電気陰性度の差が大きくなればなるほど大きくなる．極性結合はイオン性をもった結合であるから，イオンに対する反応性が大きくなる．化合物の反応性が結合の極性だけで決まるわけではないが，有機化合物では主要な構成結合であるC-C結合とC-H結合はほとんど極性がないだけに，極性結合の存在はその化合物の反応性に重要な役割を果たすことが多い．したがって，極性結合の有無やそれにかかわっている元素をみることは化合物の性質を判断するためのよい手がかりとなる．表1.2に有機化合物によく含まれる元素の電気陰性度を示した．

1.3.2 結合モーメントと双極子モーメント

結合に電荷の偏りがあると，正電荷の中心と負電荷の中心は一致しないので，その結合には電気的な双極子モーメントを生じる．その大きさ μ は，偏った電荷量 δe と電荷の中心間の距離 R の積で表される（図1.2）．これを結

図1.2 結合モーメントと双極子モーメント

合モーメントという．結合モーメントは大きさと方向を示す矢印で表すが，矢の先端は正から負電荷の中心に向け，正電荷の側に縦に短い線を引く．分子の双極子モーメントはこれらの結合モーメントによるベクトルを合成したものになるので，分子の構造から，双極子モーメントの有無を推定したり，また逆にモーメントの有無や大きさから構造についての情報を得ることができる．

1.4 分子間に作用する力

　塩のようなイオンどうしの結合による化合物が少ない有機化合物では，分子間に作用する力の大小によって，融点や沸点の高低が左右される．したがって，有機分子の構造から分子間力を推定してこれらの物理定数の高低を予測したり，また逆にそれらの物理定数から分子間力の有無や種類を推定することは，大変に興味のあることであると同時に有機化合物の理解に欠かすことのできない問題である．そこで，主要な分子間力についてあらかじめ述べておく．

1.4.1 水素結合
　水素結合は，電気陰性度の大きな元素 X と結合した水素原子と，非共有電子対をもった原子との間の引力的な相互作用である．X-H⋯Y のように記す．X-H を陽子供与体，Y を陽子受容体という．陽子供与体の代表的なものには O-H，N-H，ハロゲン-H などが，また陽子受容体には O，N，ハロゲンのほか，二重結合やベンゼン環のような π 電子をもった化合物がある．分子間の相互作用のうちではエネルギーが大きく，重要性が最も高い．分子量 18 の水の沸点が 100℃ と異常に高いのは，水分子間の水素結合の働きによる．

1.4.2 ファンデルワールス力
　この力はいくつかの要素からなる．そのおもなものは ① 永久双極子間の相互作用（1つの分子の正または負の電荷の中心が他の分子の負または正の電荷の中心と引き合う），② 永久双極子と無極性分子との相互作用（永久双極子とその接近によって無極性分子に誘起された誘起双極子との相互作用），③ 分散力による相互作用（無極性分子に生じる瞬間的な電荷の偏りにもとづく）など

である.これらの相互作用は普通は同時に働くので,それぞれの大きさや割合を見積もることは難しい.②や③のような相互作用があるため,無極性の分子でも分子間力は存在し,その大きさは分子中の電子の動きやすさ(誘電率)に左右される.

1.5 酸と塩基

酸(acid)と塩基(base)という考え方は,有機化合物の性質や反応を理解するうえで欠かすことのできない非常に重要な概念である.特に,有機化合物の反応においては,酸・塩基が触媒となって進行するものが圧倒的に多い.個々の化合物や反応についてはそのつど触れるが,ここでは酸・塩基に関する一般的な事項をあらかじめ述べておく.

1.5.1 定 義
酸・塩基については,以下のような2つの定義がある.
① **ブレンステッド-ローリーの定義**:酸とはプロトンを放出するもの.塩基とはプロトンを受け取るもの(式 (1.1)).

$$AH + B \rightleftharpoons A^- + BH^+ \tag{1.1}$$
$$\text{酸} \quad \text{塩基} \qquad \text{共役塩基} \quad \text{共役酸}$$

プロトンを放出した酸の陰イオンはプロトンを受け取ることができるので,酸 AH の共役塩基という.また,プロトンを受け取った塩基はプロトンを放出できるので,塩基 B の共役酸という.この用語を使うと,酸・塩基の強さは次のように表現できる.
「プロトンを放出しやすい酸ほど,その共役塩基の塩基性は弱い」
「プロトンを受け取りやすい塩基ほど,その共役酸の酸性は弱い」
② **ルイスの定義**:酸とは非共有電子対を受け取るもの.塩基とは非共有電子対を提供するもの.

これはプロトンに着目した①の定義をさらに拡張したものである.定義の中心が非共有電子対となっているが,有機化学ではこれに π 電子を含めた方が

理解しやすい．この定義では，厳密にいうと，酸あるいは塩基となるのは分子（またはイオン）そのものではなくて，その構造の中で電子のやりとりに直接かかわる原子である．またこの際に形成される結合は配位型の共有結合である．

ルイス酸には，プロトンのほか，塩化アルミニウム $AlCl_3$，三フッ化ホウ素 BF_3，塩化亜鉛 $ZnCl_2$，塩化鉄(III) $FeCl_3$，三酸化硫黄 SO_3 などがある．ルイス塩基には陰イオンのほか，有機化合物ではほとんどの非共有電子対あるいは π 電子をもった化合物が該当する．

いずれの定義に従うとしても，酸は塩基があって初めて酸として作用し，また塩基は酸があって初めて塩基としての意味があることに注意してほしい．つまり，どんなに強い酸であっても塩基が存在しなければ酸としての意味はない．一方，どんなに弱い酸であっても強力な塩基が作用すれば酸となることができる．このことは塩基についても同様にあてはまる．

1.5.2 酸と塩基の強さ―酸解離定数

プロトンを放出する酸 AH の水溶液中での酸解離平衡（1.2）の平衡定数を K_a とすると，K_a は式（1.3）で表される．

$$AH + H_2O \xrightleftharpoons{K_a} A^- + H_3O^+ \tag{1.2}$$

$$K_a = \frac{[A^-][H_3O^+]}{[AH]} \tag{1.3}$$

$$pK_a = -\log K_a \tag{1.4}$$

酸としての性質が強いということは，同じ条件下で多くのプロトンを放出することであるから，水の中での酸の強弱はこの K_a の大小で判断できる．一般に K_a の値は 1 以下の非常に小さな値なので，式（1.4）に示すような pK_a を使う．

一方，塩基 B は水中で水の分子からプロトンを受け入れ，平衡（1.5）が成立する．この平衡定数を K_b とすると，K_b は式（1.6）で表される．

$$B + H_2O \xrightleftharpoons{K_b} BH^+ + OH^- \qquad (1.5)$$

$$K_b = \frac{[BH^+][OH^-]}{[B]} \qquad (1.6)$$

プロトンを受け入れやすい塩基ほど，塩基性が強いことになるが，この平衡を逆にして，共役酸 BH^+ が水に対してプロトンを放出する平衡（1.7）を考えてみよう．これは酸の解離平衡なのでその平衡定数 K_a は式（1.8）で表される．この場合は K_a の小さな，すなわちプロトンを放出しにくい塩基ほど塩基性が強いことになる．この平衡ではプロトンを受け取る塩基は OH^- イオンではなくて，それよりも圧倒的に量の多い水であることに注意してほしい．

$$BH^+ + H_2O \xrightleftharpoons{K_a} B + H_3O^+ \qquad (1.7)$$

$$K_a = \frac{[B][H_3O^+]}{[BH^+]} \qquad (1.8)$$

塩基 B とその共役酸 BH^+ についての2つの平衡定数には，式（1.9）に示すように両者の積が水のイオン積と等しいという関係にある．すなわち，その値は温度が一定ならば変化しない．この関係は pK_a と pK_b を使うと式（1.10）のようになる．

$$K_a \times K_b = [H_3O^+][OH^-] = K_w = 10^{-14} \quad (25°C) \qquad (1.9)$$

$$pK_a + pK_b = -\log(K_a \times K_b) = -\log K_w = 14.0 \qquad (1.10)$$

この式は pK_a と pK_b のどちらかがわかれば，もう一方の値も求められることを示している．そこで，酸についても塩基についても，水溶液中での解離定数はともに pK_a を用いて表すことになっている．

2

脂肪族飽和炭化水素——有機化合物の基本構造

　有機化合物は炭素を基本成分とする化合物である．ごくわずかな例外を除いて，有機化合物は複数の炭素原子を互いに結合することによって組み立てられている．炭素原子からなる構造を炭素骨格というが，有機化合物の構造を理解するには，まず炭素骨格を把握することから始まる．

2.1　鎖状飽和炭化水素―アルカン

　この節で扱う鎖状飽和炭化水素の「鎖状（あるいは鎖式ともいう）」とは，「環をもっていない」という意味である．また「飽和炭化水素」とは，炭素と水素だけから構成された化合物で，しかも炭素原子の4本の結合がすべて異なった炭素原子または水素原子と結合しているという意味である．もっと簡単に，二重結合や三重結合，あるいは不飽和結合をもたない炭化水素といってもよい．このような条件にあてはまる一群の炭化水素はすべて C_nH_{2n+2}（$n=1, 2, \cdots$）という組成をもち，ひとまとめにしてアルカンと呼ばれている．

　アルカンに属する個々の化合物を同族体（homolog）といい，同族体の集まりを同族列（homologous series）という．同族体は，ただ構造が似ているものを指すのではなく，組成が CH_2 の整数倍だけ違うものでなければならない．だから，CH_4 と C_2H_6，C_3H_8 は互いに同族体であるが，C_2H_4 とは同族体ではない．

2.1.1 アルカンとアルキル基の構造と名称

一般名（同族列名）：アルカン，メタン系炭化水素，パラフィン
一般式：C_nH_{2n+2}
命名法：ギリシャ語（一部ラテン語）の数詞に接尾語 ane（アン）をつける．

本書では，一般名のうち IUPAC 命名法（第1章参照）によるアルカンをおもに使う．メタン系炭化水素は同族列の中で最小炭素数の同族体を代表とした名称，またパラフィンは慣用名で，アルカンがほとんどの試薬と親和性がないという意味のラテン語 parum affinis からきている．

表2.1に示したアルカンはいずれも炭素原子が枝分かれをしないで直線上につながった構造のもので，このようなアルカンを直鎖アルカンあるいは n-アルカン（n は normal の略）という．アルカンの英語名の綴りをみると語尾がすべて ane となっている．これが IUPAC 命名法規則に記してある接尾語 ane をつけるという意味である．同族体の総称であるアルカン alkane もやはり ane がついている．つまり，ane のような接尾語によって，化合物の構造についての情報（この場合は飽和であること）を与えているわけである．個々のアルカンの名前はおぼえるしかないが，最も基本となる化合物なので，表に示した C_{10} までのアルカンの名前はぜひおぼえておきたい．

アルカンから水素原子1個を取り去った残りのグループをアルキル基 alkyl

表2.1 直鎖アルカンと n-アルキル基の名称と構造

アルカン alkane			アルキル akyl			
分子式	日本語名	英語名	分子式	日本語名	英語名	略号
CH_4	メタン	methane	CH_3	メチル	methyl	Me
C_2H_6	エタン	ethane	C_2H_5	エチル	ethyl	Et
C_3H_8	プロパン	propane	C_3H_7	プロピル	propyl	n-Pr
C_4H_{10}	ブタン	butane	C_4H_9	ブチル	butyl	n-Bu
C_5H_{12}	ペンタン	pentane	C_5H_{11}	ペンチル	pentyl	
C_6H_{14}	ヘキサン	hexane	C_6H_{13}	ヘキシル	hexyl	
C_7H_{16}	ヘプタン	heptane	C_7H_{15}	ヘプチル	heptyl	
C_8H_{18}	オクタン	octane	C_8H_{17}	オクチル	octyl	
C_9H_{20}	ノナン	nonane	C_9H_{19}	ノニル	nonyl	
$C_{10}H_{22}$	デカン	decane	$C_{10}H_{21}$	デシル	decyl	

と総称している．アルキル基は化合物ではないが，有機化合物の構造には頻繁に登場するのでそれぞれに表2.1に示したような名前がつけられている．その命名法はもとのアルカンの接尾語 ane を取って代わりに yl（イル）をつければよい．アルキル alkyl という総称そのものがアルカン alkane からこの手順でつくられている．アルキル基のうち特に炭素数の少ないものは構造式を書くときに頻繁に出てくるので，表に示したような略号を使うことが多い．いずれも英語名の綴りを考えれば，どのアルキル基のことか容易に判断できると思う．

2.1.2 命名規則

直鎖アルカンの名前は表に示したとおりであるが，枝分かれをしたアルカンにも名前をつけなければならない．それには直鎖アルカンをもとにして次のようにする．ここに記す手続きは，アルカンに限らず他の化合物に適用する場合にもほとんど同じ手順を踏むので，やや詳しく述べておく．

① アルカンを構成する構造の中で最も炭素数の多い直鎖アルカンを見つけだす．これを主鎖という．

② 残りの部分は，主鎖に置換したアルキル基として命名する．

③ アルキル基の位置は主鎖の炭素原子に末端から順に1, 2, …と位置番号をふって示す．位置番号をつける方向は，置換基が1個のときはその番号がより小さくなる側からつける．置換基が2個以上あるときは2通りのつけ方があるが，それぞれの位置番号を小さな方から並べたときに初めて異なった番号がより小さくなる方を選ぶ（この表現はややこしいので，図2.1の例を参照）．

④ （アルキル基の位置番号）-（アルキル基名）+主鎖名の順に並べてアルカン名とする．

⑤ 同じ基が複数あるときは，表2.2のようなその数を表す倍数接頭語をつけて示す．

倍数接頭語は1から4までおぼえておけば十分である．5以上はアルカンの

表2.2 倍数接頭語

数	1	2	3	4	5	6	…	複数, 多数
倍数接頭語	モノ mono	ジ di	トリ tri	テトラ tetra	ペンタ penta	ヘキサ hexa	…	ポリ poly

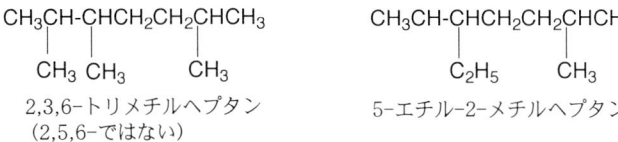

図 2.1 側鎖のある炭化水素の命名法

綴りから末尾の ne（日本語ではン）を除けばよい．ついでに，特定の数を示さずに複数個ある，あるいは多数あることを示したい場合はポリという接頭語を使うことも示してある．ポリマーのポリもこの接頭語（この場合は多数の意味）である．

⑥ 異なった基があるときには，それらの基の並べ方は英語綴りのアルファベット順にする（位置番号の順ではない）．したがって，例に示した化合物（図 2.1）は 5-エチル-2-メチルヘプタン（5-ethyl-2-methylheptane）であって，2-メチル-5-エチルヘプタンでも 3-エチル-6-メチルヘプタンでもない．これは英語名で索引をつくる（当然，アルファベット順に並べる）ことを考えればうなづけることである．しかしわれわれ日本人にとっては，いちいち置換基の英語の綴りを考えなければならないという面倒な問題がつきまとうのも確かである．

2.1.3 異性体

分子式が同じで構造が異なる化合物を互いに異性体（isomer）という．構造というと骨格となる炭素原子どうしの結合をまず考える人が多いと思うが，ここでいう「構造」とはそのほかにも様々なものを含んでいる．このことはいずれ説明していくが，まずは炭素骨格の違いだけを考えることにしよう．C_5 までのアルカンについての異性体の構造と数は図 2.2 のようになる．

C_4, C_5 のアルカンの名称には IUPAC 名とともに，慣用名を記してある．これをみると，イソという接頭語は末端が 2 個のメチルに枝分かれした構造に対応するものであることがわかる．

アルカンの炭素数が増えると，異性体の数は C_6 で 5，C_7 で 9，C_8 で 15，C_9 で 35，そして C_{10} では 75 と急激に増加する．したがって，異性体を含めたアルカンの数は無限にある．

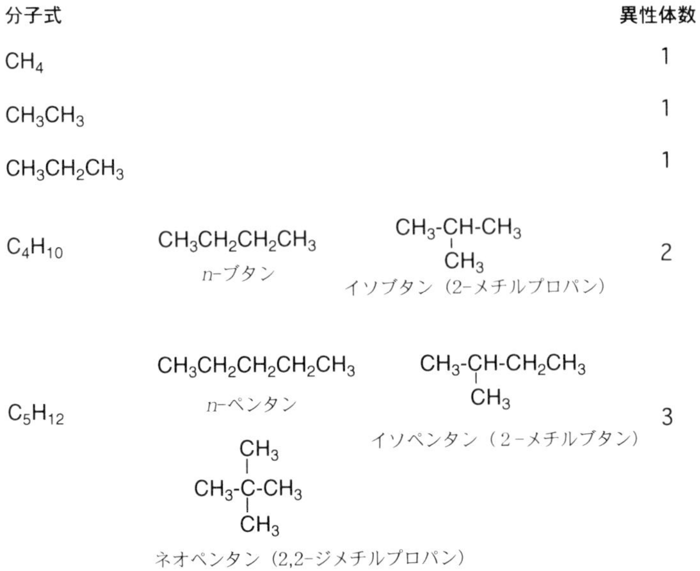

2. 脂肪族飽和炭化水素

分子式		異性体数
CH₄		1
CH₃CH₃		1
CH₃CH₂CH₃		1
C₄H₁₀	CH₃CH₂CH₂CH₃　　CH₃-CH-CH₃ 　　　　n-ブタン　　　　　　　　CH₃ 　　　　　　　　　イソブタン（2-メチルプロパン）	2
C₅H₁₂	CH₃CH₂CH₂CH₂CH₃　CH₃-CH-CH₂CH₃ 　　　　n-ペンタン　　　　　　　CH₃ 　　　　　　　　　イソペンタン（2-メチルブタン） 　　　　　　　CH₃ 　　　　CH₃-C-CH₃ 　　　　　　　CH₃ 　　　ネオペンタン（2,2-ジメチルプロパン）	3

図2.2 $C_1 \sim C_5$ アルカンの異性体

アルキル基はアルカンから水素原子1個を除いたものであるから、同じ組成でも構造の異なるものの数がアルカンより多くなっても不思議ではない。図2.3に C_4 までのアルキル基の構造と名称を記した。名称が2つあるものは、上の方が非組織名（かっこ内はその略号；s-，t- などの意味については後で述べる）、下の方がIUPAC名である。両者を比較して、IUPAC名の方が構造はわかりやすいが長くなって煩雑であることが読みとれよう。炭素数の少ない基は名称としてもまた構造式にも頻繁に用いられるので、より簡単で略号も作りやすい非組織名の方がもっぱら使われ、また構造式を書く際には略号がよく使われる。またIUPAC規則でもこれらの使用は命名規則の例外として認められている。IUPAC名では、水素原子を取り去った炭素原子の位置を1として番号をつけ、後は上記の命名法規則に従って命名する。

アルキル基は構造の違いで次のように分類されることがある。

　　RCH₂-　　　第1級アルキル基（primary alkyl group）
　　RR'CH-　　 第2級アルキル基（secondary alkyl group）
　　RR'R''C-　 第3級アルキル基（tertiary alkyl group）

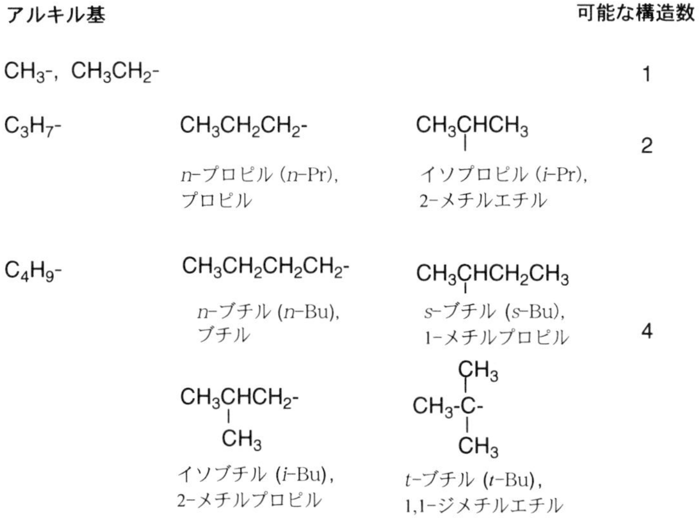

アルキル基			可能な構造数
CH_3-, CH_3CH_2-			1
C_3H_7-	$CH_3CH_2CH_2-$	CH_3CHCH_3	2
	n-プロピル (n-Pr), プロピル	イソプロピル (i-Pr), 2-メチルエチル	
C_4H_9-	$CH_3CH_2CH_2CH_2-$	$CH_3CHCH_2CH_3$	4
	n-ブチル (n-Bu), ブチル	s-ブチル (s-Bu), 1-メチルプロピル	
	CH_3CHCH_2- | CH_3	CH_3 | CH_3-C- | CH_3	
	イソブチル (i-Bu), 2-メチルプロピル	t-ブチル (t-Bu), 1,1-ジメチルエチル	

図 2.3 C_1〜C_5 に可能なアルキル基

これらの区別は，1位の炭素原子（結合する手をもった炭素原子）が何個の水素原子をもっているかで決まる．メチル基はこの分類のいずれにも該当しない．

ブチル基の慣用名の中に s- および t- という記号がついたものがあるが，この分類の英語 secondary および tertiary を略したものである．このようなことができるのも，第 2 級 (secondary) と第 3 級 (tertiary) のブチル基はいずれも 1 種しかないからである．

2.1.4 アルカン炭素原子の電子構造—sp^3 混成軌道

2s 軌道関数と 3 つの 2p 軌道関数（$2p_x$, $2p_y$, $2p_z$），あわせて 4 つの軌道関数を組み合わせて互いに独立した新しい軌道関数をつくると，4 つの等価な軌道関数ができる（図 2.4）．これを sp^3 混成軌道関数（普通，略して sp^3 混成軌道）といい，このかたちで結合をつくる原子を sp^3 混成状態にあるという（アンモニウムイオン NH_4^+ の窒素もこの状態である）．いずれの軌道も電子分布には対称軸があり，互いに 109°28′（109.5° と書くことが多い）で交わっている．等価という意味は，いずれの軌道に属する電子のエネルギーも分布状

16   2. 脂肪族飽和炭化水素

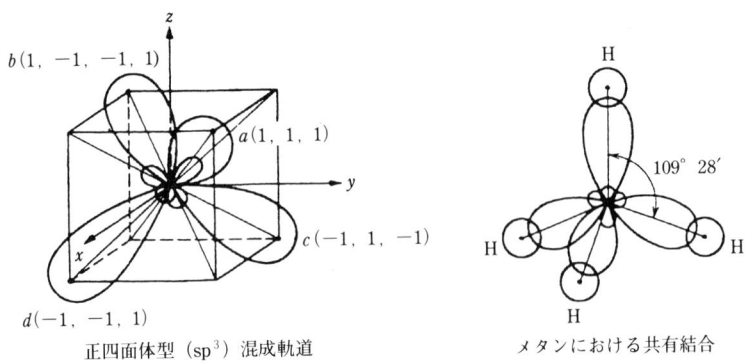

正四面体型（sp³）混成軌道　　　　メタンにおける共有結合

図 2.4　SP³ 混成軌道とメタンの結合

態も等しいということを指す．4つの軌道が等価であることは，メタン CH_4 の4つの C-H 結合が同じ性質をもっていて区別できないことからもわかる．これらの軌道は互いに重なり合うことはない．図のうえでは重なって見えるかもしれないが，軌道関数を使って計算を行うことにより，重なっていない*ことが証明できる．

> *：2つの軌道関数の積を空間全領域にわたって積分するとゼロになることを「重なっていない」という．「量子力学的に直交している」といういい方もある．これは sp² や sp 混成軌道関数の間についても成り立つ．

2.1.5　性質と反応
a．物理的性質

　アルカン，特に n-アルカンは分子量と沸点や融点のような物理的性質との間に平行関係がみられる典型的な同族列である．すなわち，炭素数の多い n-アルカンほど沸点も融点も高い．室温（普通 25℃ を標準とする）における n-アルカンの状態をみると，$C_1 \sim C_5$ は気体，$C_6 \sim C_{17}$ は液体，C_{18} 以上は固体である．ただし，われわれが普通みかけるアルカンはほとんどが混合物なので，その状態が成分の炭素数と一致するわけではない．一般に，この混合物は主成分よりも沸点は高く（沸点上昇効果），融点は低い（凝固点降下）．

　C-H 結合は極性が小さいので，アルカン自身も極性は小さく，水のような極性の大きな溶媒には溶けない．

b．化学的性質

アルカンは酸やアルカリと反応しない（パラフィンという名前はこのような反応しにくい性質に由来することはすでに述べた）．しかし全く反応性がないわけではなく，高温では酸素と反応，すなわち燃焼して多量の熱を発生する．この現象を利用して，われわれはアルカンを燃料として，また動力源として多量に消費している．

もう1つの反応は炭化水素に特有で，塩素あるいは臭素との混合物に光または熱を作用させると水素がハロゲンに置換される．例えばメタンと塩素の混合物に光を照射すると，塩素の置換したメタンの混合物が生成する（式(2.1)）．式の中で矢印の上の記号 $h\nu$ は光を照射することを表す．

$$CH_4 + Cl_2 \xrightarrow{h\nu} CH_3Cl + CH_2Cl_2 + CHCl_3 + CCl_4 \quad (2.1)$$
クロロメタン　ジクロロメタン　クロロホルム　四塩化炭素

なぜ光照射で反応が起こるのか．この反応は古くから研究者の関心を引き，その反応機構について詳しい研究が行われた．その結果，反応は次の式(2.2)～(2.4)のような段階を経て進行する機構であることがわかった．

$$Cl_2 \xrightarrow{h\nu} 2Cl\cdot \quad 塩素ラジカル \quad (2.2)$$

$$Cl\cdot + CH_4 \longrightarrow HCl + CH_3\cdot \quad メチルラジカル \quad (2.3)$$

$$CH_3\cdot + Cl_2 \longrightarrow CH_3Cl + Cl\cdot \quad (2.4)$$

反応の第一段階(2.2)は照射した光を塩素が吸収して塩素ラジカル（原子状態の塩素）に分解する反応，(2.3)はその塩素ラジカルがメタンから水素原子を引き抜いて塩化水素とメチルラジカルを生じる反応，(2.4)はメチルラジカルが塩素分子から塩素原子を引き抜いてクロロメタンと塩素ラジカルを生じる反応である．ラジカルとは不対電子（式の中では・で示してある）をもった原子や原子団のことである．(2.4)の反応で生じた塩素ラジカルは(2.3)，(2.4)の反応を行うことによって新しく塩素ラジカルを再生するので，この反応はいったん塩素ラジカルができると，後は光を照射しなくてもこの2つの過程を繰り返して自発的に進行する．このような反応を連鎖反応（chain reaction）といい，特にラジカルが中間に生じることからラジカル連鎖反応（radical chain reaction) という．反応の初期には塩素ラジカルが衝突する分子はメタンであるが，反応が進むにつれて生成物であるクロロメタンと衝突する確率が増加してくるので，ジクロロメタンが生じるようになる．こうしてクロロホルムや四塩化炭素も生じる．連鎖反応はラジカルどうしが衝突して結合し，塩素ラジカルが再生されなくなると終わりとなる．

反応式 (2.2)〜(2.4) に示された機構は確かに反応生成物を説明できるが，本当に起こりうる反応であることを証明するには，例えばラジカルが生じていることを証明するような実験が必要である．しかしその前に，実際に起こりうる反応かどうかを手もとの資料を使って，検討することもできる．

以下に示す結合エネルギー（結合エンタルピー，ΔH）のデータを使ってこのことを確かめてみよう．

$$\text{Cl-Cl} \quad 243 \text{ kJ mol}^{-1} \quad \text{CH}_3\text{-H} \quad 435 \text{ kJ mol}^{-1}$$
$$\text{H-Cl} \quad 432 \text{ kJ mol}^{-1} \quad \text{CH}_3\text{-Cl} \quad 349 \text{ kJ mol}^{-1}$$

まず塩素分子が光によって分解するかどうかを確かめる．それには塩素分子の結合エネルギーを光の波長に換算する．$E = h\nu = h(c/\lambda)$（h はプランク定数，ν は光の振動数，c は光速度，λ は波長）の関係を使うと*，得られる波長は約 510×10^{-9} m，すなわち 510 nm となる．

> *：$h = 6.63 \times 10^{-34}$ Js，$c = 3 \times 10^8$ m，$E = 243 \times 10^3$ Jmol^{-1}/6.23×10^{23} mol^{-1} を代入する．この場合，光子1個についての波長を求めるので，アボガドロ数を忘れずに計算に導入する必要がある．

塩素の吸収を調べてみると，極大値は 333 nm にあり，510 nm よりも十分に短波長側（高エネルギー側）なので，この領域の光を吸収した塩素分子は塩素ラジカルに分解しうる．続く (2.3) の反応では，C-H 結合の解離にあたり 435 kJ mol^{-1} を要するが，同時に H-Cl 結合が生成するので 432 kJ mol^{-1} が発生する．差し引き

$$\Delta H(2.3) = 435 - 432 = 3 \text{ kJ mol}^{-1} \quad \text{（吸熱）}$$

同様にして (2.4) の反応では

$$\Delta H(2.4) = -349 + 243 = -106 \text{ kJ mol}^{-1} \quad \text{（発熱）}$$

したがって全体としては，

$$\Delta H(2.3)+\Delta H(2.4)=-103\,\mathrm{kJ\,mol^{-1}} \quad (発熱)$$

となる．$\Delta H(2.3)$ は吸熱であるが，この程度の熱量は分子の運動エネルギーで十分に補えるので，反応進行の障害にはならない．さらに反応が進めば反応 (2.4) で大きなエネルギーが発生するので，これを吸収することにより反応はますます容易になる．

以上の計算の結果は，式 (2.2)〜(2.4) の反応機構が熱力学の立場からは問題なく進行しうることを示したことになる．もちろん，この計算は機構が正しいことを証明したわけではなく，この機構はエネルギーの面では矛盾を含んでいないことを示しただけである．しかし，このような熱力学の面からの検討はその機構が仮説として妥当かどうかを探る手始めの方法としては十分に有用である．

2.1.6 アルカンの合成

石油の主成分はアルカンである．燃料や工業原料となるアルカンあるいはその混合物は石油を分留した後，分留成分の改質（リホーミング），クラッキングをはじめとする様々な工業的処理を経て生産されている．家庭用燃料として使われている天然ガス（LNG；liquified natural gas）はメタンが主成分，プロパンガス（LPG；liquified petroleum gas）はプロパンを主成分（ブタンを含む）としている．ガスライターの燃料や携帯コンロで使われる小型のガスボンベの成分はブタンである．

実験室で行う純粋なアルカンの合成法には次のようなものがある．

(1) 不飽和炭化水素の水素化

$$R^1CH=CHR^2 \xrightarrow[触媒]{H_2} R^1CH_2CH_2R^2 \quad (2.5)$$

$$R^1CH{\equiv}CHR^2 \xrightarrow[触媒]{2H_2} R^1CH_2CH_2R^2 \quad (2.6)$$

触媒としては，ニッケル，パラジウム，白金などの金属を微粉末状にした（表面積を増すため）ものを使う．

(2) グリニャール試薬の水による分解

$$\text{RMgX} + \text{H}_2\text{O} \longrightarrow \text{RH} + \text{Mg(OH)X} \qquad (2.7)$$
$$(\text{X}=\text{Cl}, \text{Br}, \text{または I})$$

グリニャール試薬については第6章で詳しく述べる．水の代わりに重水 D_2O を反応させると，特定の位置に重水素で目印をつけたアルカンが得られる．

(3) 脂肪酸の脱炭酸

$$\text{RCOONa} + \text{NaOH}(+\text{CaO}) \longrightarrow \text{RH} + \text{Na}_2\text{CCO}_3 \qquad (2.8)$$
$$\text{ソーダ石灰}$$

古典的な反応で，合成法としては現在はあまり使われていない．カルボン酸の構造決定法として利用された．

2.2 脂環式飽和炭化水素

2.2.1 脂環式炭化水素とは

有機化合物を構成する炭素骨格には，鎖状のものと環状のものがある．環状の炭素結合をもった炭化水素を環式炭化水素という．その中で，芳香環と呼ばれるベンゼン，ナフタレンなどの環を含まないものを脂環式炭化水素（脂は脂肪族の意味）という．

2.2.2 炭素環の命名規則

一般名：シクロアルカン，シクロパラフィン

一般式：C_nH_{2n}

シクロアルカンという一般名からわかるように，炭素原子 n 個から成る環の名称は，同じ数の炭素原子からなるアルカン名に接頭語 cyclo（シクロ）をつければよい．例えば表2.3のようになる．

構造式は表にも示したように多角形を書いて，CH_2 を省略することが多い．なお，環を構成する炭素の数によって，n 員環（n-membered ring）という呼び方をすることがある．

表2.3 $C_3 \sim C_6$ シクロアルカンの名称

分子式	構造式		名　称
C_3H_6	H₂C—CH₂ / CH₂	△	シクロプロパン cycropropane
C_4H_8	H₂C—CH₂ / H₂C—CH₂	□	シクロブタン cycrobutane
C_5H_{10}	H₂C-CH₂ / H₂C　CH₂ / CH₂	⬠	シクロペンタン cycropentane
C_6H_{12}	H₂C-CH₂ / H₂C　CH₂ / H₂C-CH₂	⬡	シクロヘキサン cycrohexane

2.2.3 異性体

一般式 C_nH_{2n} はアルケンにもあてはまる．アルケンについては次章で詳しく述べるので，ここでは異性体であることだけを指摘しておく．

一方，飽和であることを条件に異性体を探してみると，シクロペンタンでは図2.5のような化合物がある．

これらはすべて同族体である．その中で，名前を記した2種の化合物1,2-ジメチルシクロプロパンは，2個のメチル基がシクロプロパン環の同じ側あるいは反対側にある（立体配置（configuration）という）ことによって異性体の関係にある．このような構造を区別するために，2つのグループが同じ側にある異性体には化合物名に *cis*- を，また反対側にあるものには *trans*- をつけることになっている．このような，環の面について立体配置が異なることによ

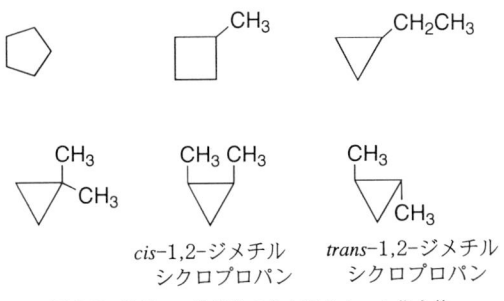

図2.5　C_5H_{10} の異性体のうち環をもった化合物

り生じる異性現象を幾何異性またはシス-トランス異性といい，該当する異性体をシス異性体（あるいは略してシス体），トランス異性体（あるいは略してトランス体）という．同じ名前で呼ばれる異性体はアルケンにも存在する．

2.2.4 小員環の結合ひずみ

シクロプロパン（三員環）とシクロブタン（四員環）の結合角は，構造が平面とするとそれぞれ60°と90°で，sp^3混成状態の炭素原子の結合角109.5°よりもかなり小さい．このようにかなり無理な結合角をとらせるためには，余分なエネルギーが必要である．したがって，結合にひずみのあるこれらの小員環はひずみに応じた大きな結合エネルギーをもっていると考えられる．このことは，例えば表2.4のような燃焼熱のデータから証明できる．

シクロアルカンの燃焼は式 (2.9) のように表される．

$$(CH_2)_n + \frac{3n}{2} O_2 \longrightarrow n\,CO_2 + n\,H_2O \qquad (2.9)$$

燃焼熱（燃焼エンタルピーの絶対値*）は炭素数が増えるほど大きくなるから，そのままの値を比較しても意味をなさない．そこで燃焼熱を炭素数で割って$CH_2$1個あたりの値にして比較する．

*：熱化学方程式では，燃焼は発熱反応であるため反応に伴う燃焼熱は正符号となるが，熱力学ではエンタルピー ΔH^0 として扱われるので，符号は逆に負となる．これは反応のエンタルピーが生成系の値から反応系の値を引くと定義されているからである．

表2.4　シクロアルカンの燃焼熱

	CH_2 1個あたりの燃焼熱 $(-\Delta H^0/\text{kJ mol}^{-1})$	相当する正多角形の内角	109.5°と内角との差
シクロプロパン	697.5	60°	49.5°
シクロブタン	686.2	90°	19.5°
シクロペンタン	664.0	108°	1.5°
シクロヘキサン	658.6	120°	10.5°
シクロヘプタン	697.5	128.6°	19.1°
n-アルカン	658.6		0°[a]

a：第3章で述べるように正確には109.5°ではないが，ひずみをほとんど含まない結合角という意味で0°とした．

表 2.4 の最後の行の n-アルカンは環状化合物ではないが，結合角に無理のない CH_2 をもった化合物の標準として採用した．その値に比べて，結合角にかなり無理があると予想されるシクロプロパンやシクロブタンは明らかに大きな燃焼熱を示す．燃焼によってシクロアルカンは二酸化炭素と水になるので，もし環の結合に余分なエネルギーが含まれていると，そのエネルギーは環構造を失う際に熱エネルギーとして放出される．すなわち，三員環や四員環にみられる大きな燃焼熱は結合角にかかっている大きなひずみが原因である．結合角により大きなひずみのある三員環の方が四員環よりも大きな燃焼熱を示すことも，この解釈の根拠となる．

なお，五員環以上の環の燃焼熱については次の章で考えることにする．

2.2.5 性　　質

シクロアルカンの物理的性質も化学的性質もアルカンとほとんど同じであり，特に記すことはない．

【演習問題】

2.1　C_6 アルカンのすべての異性体の構造を示し，それらの IUPAC 名を記せ．

2.2　C_5 アルキル基に可能なすべての基の構造を示し，それぞれの IUPAC 名称を記し，また第何級のアルキル基であるか示せ．

2.3　シクロペンタンの異性体（図 2.5）のうち名称の記していない化合物を命名せよ．

2.4　次の名称に該当する構造を記し，命名法に誤りがあれば正しく命名せよ．
① 2-イソプロピルブタン，
② 2-メチル-4-エチルペンタン，
③ 4-エチル-2-メチルヘキサン，
④ cis-1,4-ジメチルシクロペンタン

2.5　1,2-ジメチルシクロプロパンには鏡に映した構造をもとの構造と重ね合わすことのできない異性体（鏡像異性体）が存在する．それはどれか．

2.6　水素と塩素の気体混合物をガラスの容器に詰めて日光にあてると爆発的

な反応が起こる．この反応の生成物（気体）は何か．また，反応がラジカル連鎖機構で進むとして，必要な反応段階を示せ．

2.7 メタンと塩素の混合物の光反応でモノクロロメタンを主生成物としたいときには，どのような条件で反応を行えばよいか．

2.8 メタンを光反応で臭素化することは可能だろうか．次のデータを用いて検討せよ．

Br–Br = 193 kJ mol^{-1}, H–Br = 368 kJ mol^{-1}, CH$_3$–Br = 293 kJ mol^{-1}

なお，光の吸収により臭素ラジカルが生成することは認められている．

2.9 n-アルカンの組成はシクロアルカンと異なって (CH$_2$)$_n$ ではない．n-アルカンについて表2.4に示したようなCH$_2$ 1個あたりの燃焼熱を求めるにはどのようにすればよいか．

3

飽和炭化水素の立体構造

3.1 炭素の結合状態

　飽和炭化水素の炭素原子は 2 章で述べたように sp^3 混成状態である．この状態での炭素原子の結合角は，図 2.4 に示したメタンの例でもわかるように 109.5° である．しかしこの結合角は sp^3 混成状態であればいつも保たれるわけではない．例えば，プロパンと n-ブタンの気体状態での測定値を調べてみると，結合角 ∠CCC はそれぞれ 112° と 114° である．これは図 3.1 に示した CPK 模型* をみるとわかるように，問題の炭素原子の両側にあるメチル基やメチレン基 CH$_2$ の水素原子はぶつからないまでも互いにかなり近い位置にある．したがって，その間に反発力が働くので，結合角はやや大きくなると説明できる．

　＊：Corey-Pauling-Koltum model. 構成原子のファンデルワールス半径をもった球を基本としてつくられている．

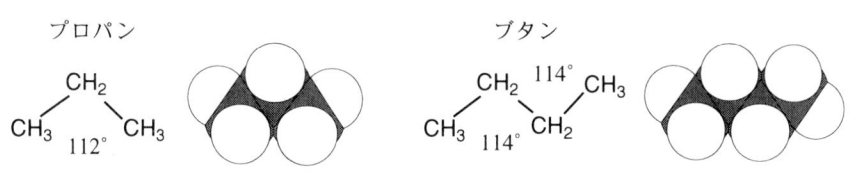

図 3.1　プロパンとブタンの CPK 模型

3.2 立体配座と回転異性体

　炭素に結合した水素原子間の反発は，構造の様々な面で作用している．例としてエタン CH_3-CH_3 を考えてみよう．この化合物の真ん中の炭素-炭素結合は単結合なので自由に回転できる．すなわち，一方のメチル基を固定しておいて，この結合を軸にもう一方のメチル基を回転する（内部回転という）ことができる．その結果，いろいろな構造が出現するが，このような構造は回転軸となるC-C結合に沿った方向から分子を眺めて図を描くとわかりやすい．その中で特徴のあるものを図3.2に示した．構造の1つは手前の2個の水素原子のちょうど中間に後方の水素原子が顔を出す形のもの，もう1つは手前と後方の水素原子が全く重なって見えるものである．このように，結合のまわりの回転によって生じる様々なかたちを立体配座（あるいは略して配座）またはコンホメーション（conformation）というが，その中でもこの2つの立体配座にはそれぞれねじれ形（staggered form）と重なり形（eclipsed form）という名前がつけられている．それぞれの形の右側にはニューマン投影（Newman's projection）による構造式を示した．この投影法は，回転軸の両側にある原子が重なって見える方向から分子を眺めるもので，投影式の中央の円は手前の原子（この場合は炭素原子）を示す．後方の炭素原子は重なっていて見えないが，それから出ている結合は円の縁から結合線を伸ばすことで，手前の炭素からの結合と区別している．

　では立体配座の中でどの構造が最も安定で，どの構造が最も不安定だろうか．それには，水素原子間の距離が短い構造ほど反発力が大きくなることをもとに，回転によって反発エネルギーがどう変化するかグラフにしてみるとわかりやすい．それを図3.3に示した．容易に予想できるように，反発エネルギーはねじれ形が最小で，重なり形が最大である．すなわち，配座のうちではねじれ形が最も安定で，重なり形とのエネルギー差は約 $12\,kJ\,mol^{-1}$ と見積もられている．このエネルギーの山はそれほど大きなものではなく，室温では簡単に乗り越えられてしまうので，回転を止めてしまうほどの障壁とはならない．

　同じことを今度は n-ブタンについて考えてみよう．問題とするのは真ん中

3.2 立体配座と回転異性体　27

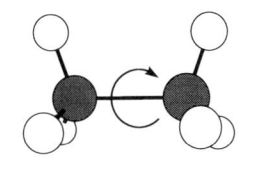

エタンのC-C単結合のまわりに回転を行う（一方の炭素原子は固定しておく）

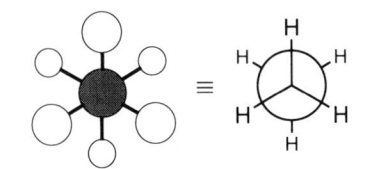

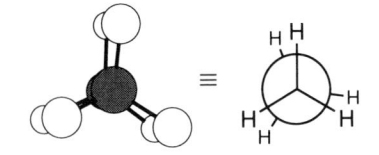

(a) ねじれ形　　　　　　　　(b) 重なり形

図3.2　エタンにおけるねじれ形と重なり形

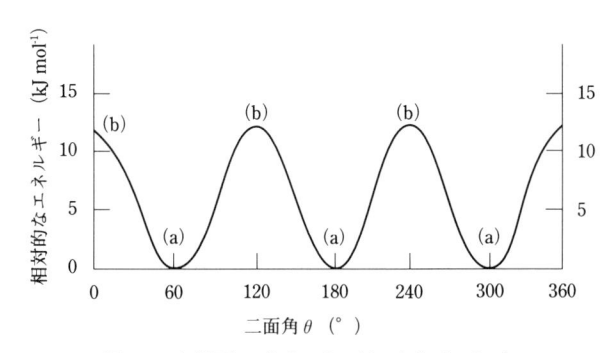

図3.3　内部回転に伴うエネルギー変化（エタン）

のCH_3CH_2-CH_2CH_3結合を軸とする回転である．今度は，不安定とわかっている重なり形ははじめから対象とせず，ねじれ形にどんな構造があるかを考えると，3種類あることがわかる（図3.4）．この3つは2個のメチル基どうしの相対的な位置関係によるもので，図に示したようにトランス形（アンチ形ともいう）とゴーシュ形（フランス語のgaucheに由来する）という名前がつけられている．2つのゴーシュ形は互いにもう一方を鏡に映したかたちであり，メチル基どうしの相対的な位置は同じなのでこれ以上の区別はしない．

ここでも配座によって反発のエネルギーがどう変化するかをグラフにしてみよう（図3.5）．エタンと違うのは，メチルとメチル，メチルと水素原子，水素原子と水素原子の3種類の反発力が作用していることである．グループのか

図 3.4 n-ブタンの回転異性体

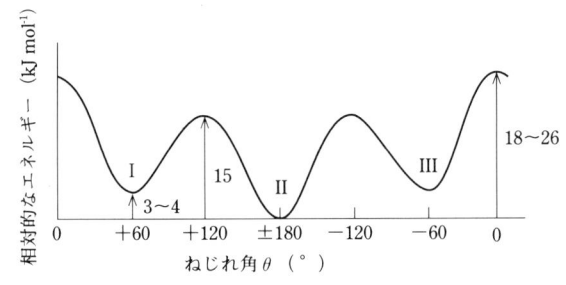

図 3.5 内部回転に伴うエネルギー変化（ブタン）
ⅠとⅢはゴーシュ形，Ⅱはトランス形．

さ高さはメチル基＞水素原子であるから，反発エネルギーはこの順に後のものほど小さくなると考えてよい．

図 3.5 には 2 種類の極小点がある．1 つはトランス形に，もう 1 つはゴーシュ形に対応しているが，ゴーシュ形の方がトランス形よりも 3.8 kJ mol^{-1} ほどエネルギーが高い．このようにエネルギー図の中で極小値をとる立体配座を回転異性体（rotamer）という．また極大点も 2 つあり，重なり形の違いに対応している．しかし，山と谷の間のエネルギー差は最大でも 25 kJ mol^{-1} と見積もられていて，この程度では有効な回転障壁とはならず，室温で回転異性体どうしは互いに容易に入れ替わるので，別々に分けとることはできない*．

*：トランス形とゴーシュ形の平衡定数を K とすると，$\Delta G = -RT\ln K = \Delta H - T\Delta S$ によって K が求められる（ΔH は上記の値をそのまま使えるが，ΔS は別に見積もらなければならない）．25℃（気体状態）では，トランス形が 70%，ゴーシュ形が 30% という結果が出ている．

炭素数の多い n-アルカンや n-アルキル基は，自由に動ける液体あるいは気体状態ではまっすぐな形よりも様々な折れ曲がった構造をとり，しかもそれら

図3.6 結晶中のアルキル鎖のポリメチレン部分-$(CH_2)_n$-の構造

が互いに頻繁に移り変わっていると考えられる．しかし，温度が低くなって回転が遅くなるとトランス形の割合が増加し（まっすぐな構造の部分が増え），さらに分子の運動がほとんど不可能な固体になると圧倒的にトランス形が有利になる．特に，結晶のように分子が規則正しく並んだ状態での-$(CH_2)_n$-部分の構造は，図3.6に示すように，すべてがトランス形となったジグザグ形の構造をとる部分が多い．

3.3 シクロアルカンの構造

3.3.1 シクロヘキサンの立体配座

　前章で述べたように，表2.4に示した燃焼熱のデータから，三員環や四員環には大きなひずみがかかっていることがわかった．ところで，同じ表をさらに下に見ていくと，結合角の差がシクロペンタンでは1.5°，シクロヘキサンでは10.5°であるのに対して，燃焼熱はそれぞれ664.0と658.6 kJ mol^{-1}でありシクロヘキサンの方が小さい．しかもシクロヘキサンの値はn-アルカンの値と完全に一致していて，むしろシクロペンタンの方が大きな値を示している．つまり，表に示した109.5°からの見かけの結合角のずれは，実際のシクロヘキサンでは何らかのかたちで解消されているようにみえる．

　この事実を説明するには，結合角109.5°をもった模型（図3.7）を使ってシクロヘキサンを組み立ててみるとよい．その結果は，平面状の分子にはならず，図3.8に示すような構造になる．シクロヘキサンを平面の正6角形構造に

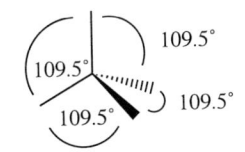

図3.7 sp^3 混成状態の炭素原子模型

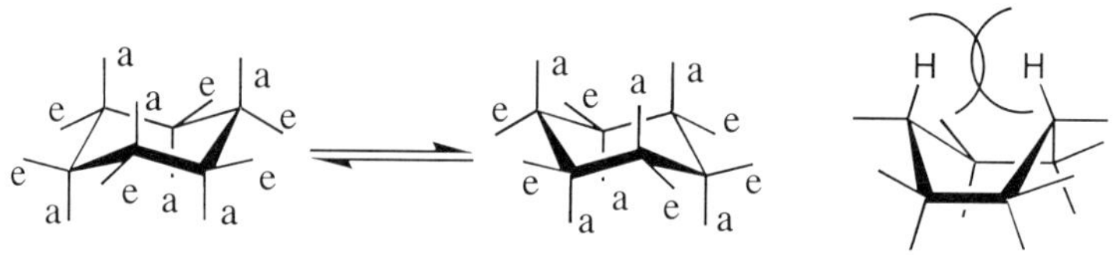

(a) いす形   (b) 舟形（ボート形）

図3.8　シクロヘキサンの2つの配座

保とうとすると，結合角にある程度のひずみがかかるが，平面でなくてもよいとすれば結合角に全くひずみのかからない構造が実現する．

　測定された燃焼熱はこのような非平面構造に相当する値であったことがわかる．じつは，このようなひずみのない構造は2種類できる．すなわち，図3.8に示すように，いす形と呼ばれている配座(a)と舟形（ボート形）と呼ばれている配座(b)である．どちらの構造も結合角の点では合格であるが，図3.9に示すようにニューマン投影式を描いてみると，いす形はねじれ形配座からつくられているのに対して，舟形は相当する部分が重なり形になっている．おまけに，図からはちょっとわかりにくいが，上部で向かい合った2個の水素原子はファンデルワールス半径まで考慮するとほとんどぶつかる距離内にあり（図3.8(b)を見よ），当然，両者の間の反発エネルギーは大きい．このように，舟形はいす形にくらべて不安定な要素がそろっているので，いす形の方がより安定である．現在では，舟形はエネルギーが極小値をとらないので異性体ではなく，配座の1つにすぎないと考えられている．この2つの配座の間のエネルギー差は約 $30\,\mathrm{kJ\,mol^{-1}}$ と見積もられていて，室温では，シクロヘキサンは99%以上がいす形の状態で存在すると考えられている．

　ところで，安定ないす形配座は固定した構造ではなく，図3.8に示したように絶えず2つのいす形配座の間を行き来している．この変化は，上側にある3個の炭素と下側にある3個の炭素が互いに浮き沈みする現象であるが，これを反転（inversion）という．模型でみると，この変化は C-C 結合を軸とした内部回転が複数の結合で同時に起こった結果である．その意味で，この2つのいす形は回転異性体に属するが，この場合には反転異性体という言葉が使われている．いす形構造をよく見ると2種類の C-H 結合がある．図3.8でaと記した結合（アキシアル結合（axial bond））と，eと記した結合（エクアトリア

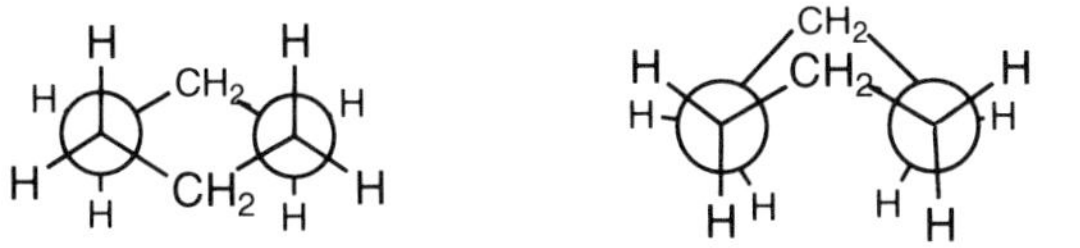

いす形　　　　　　　　舟形

図3.9 シクロヘキサンのいす形と舟形のニューマン投影

ル結合（equatorial bond））である．axial は地軸の方向の，equatorial は赤道方向の，という意味である．アキシアル結合（略して a 結合ともいう）は垂直方向に，エクアトリアル結合（略して e 結合ともいう）は斜め上または斜め下の方向に出ているので容易に区別がつく．それぞれ 6 本ずつあるが，反転に伴ってこの 2 種類の C–H 結合は互いに入れ替わる．したがって，ある C–H 結合を，例えば C–D（重水素）に置き換えておくと，その C–D 結合がアキシアルかエクアトリアルか区別する方法があれば，そのシクロヘキサンが今どちらの構造か，また反転の速さはどの程度か，測定することができる．測定の結果は，室温で，約 $10^5 s^{-1}$（1 秒間に 10 万回）もの速さで反転を繰り返していることがわかっている．

アキシアル結合とエクアトリアル結合の違い

　シクロヘキサンの 1 個の水素原子を置換基 X に代えると，いす形の配座であっても，C–X 結合がエクアトリアル（a）かエクアトリアル（e）かによって，2 つの異性体が生じる．この 2 つは安定性に違いがなさそうにみえるが，じつは 3 位と 5 位にある水素による反発力のため a 結合の方が不安定である．その不安定の程度は X というグループのかさ高さによって決まることも容易に想像できる．事実，非常にかさ高い t-ブチル基 $(CH_3)_3C-$ やフェニル基 C_6H_5- のような基はほとんど e 結合しかとれない．したがって，4-フェニルシクロヘキサノールのような化合物は，よりかさ高いフェニル基がいつも e 結合となり，それより小さなヒドロキシ基はシス体とトランス体で配座が異なる．このような化合物は，シクロヘキサン環に結合したヒドロキシ基が a 結合と e 結合とで物理的性質や反応性にどのような違いがあるかを調べるための格好のモデル化合物となる．

32   3. 飽和炭化水素の立体構造

図3.10　X-シクロヘキサンの配座異性体

trans-4-フェニルシクロヘキサノール　　*cis*-4-フェニルシクロヘキサノール

図3.11　フェニルシクロヘキサノールのシス-トランス異性体

3.3.2　シクロペンタンの構造

　シクロヘキサンの燃焼熱がなぜ小さいのか，正6角形の平面構造をとらないことで説明できた．しかし，ここでもう1つ問題が残る．それは，結合角のひずみが最も小さなはずのシクロペンタンの燃焼熱がなぜシクロヘキサンよりも大きいのか，ということである．測定誤差の範囲内のわずかな差であるという考えもあるが，これも，模型を組み立ててみると容易に説明がつく．図3.12をみるとわかるように，シクロペンタンのほとんどのC-H結合は重なり形の配座になる．これはやはり不安定な状態で，水素原子間の反発エネルギーが燃焼熱を増加させていても不思議はない．実際のシクロペンタンの構造はこの不利な重なり配座を少しでも避けるため，正5角形の平面状から1個の炭素原子だけが少しずれた封筒形（envelop form）と呼ばれている構造をとっている．

図3.12　シクロペンタンの構造

【演習問題】

3.1 次の言葉の意味を説明せよ.
① 立体配座, ② 回転異性体, ③ いす形配座, ④ 舟形配座,
⑤ 反転異性体, ⑥ 封筒形配座

3.2 次のシクロアルカン誘導体について, 置換基の位置や立体配置の異なる構造をすべて記し, その IUPAC 名を記せ.
① ジクロロシクロブタン, ② エチルメチルシクロペンタン,
③ ジクロロシクロヘキサン (配座の異なるものは考えなくてよい),
④ トリクロロシクロペンタン

3.3 プロパンのどちらか一方の C–C 結合軸のまわりの回転について, 図3.3にならって回転角とエネルギーの関係をグラフで示せ. 図3.3と比較して似ている点は何か. また異なる点は何か.

3.4 1,2-ジクロロエタン $ClCH_2CH_2Cl$ について, 炭素-炭素結合を軸とした回転により生じる回転異性体の構造をニューマン投影で記せ.

3.5 前問で記した回転異性体の中で最も極性の大きな構造と小さな構造を指摘せよ. 必要ならば, 表1.1の電気陰性度を参照せよ.

3.6 1,2-ジクロロエタンにおける回転異性体の存在比は, 気体状態では極性の小さな異性体の割合が, また液体状態では極性の大きな異性体の割合が高い. 状態によって変化するこの現象をどう説明したらよいか.

3.7 シクロヘキサンのいす形構造から舟形構造に変化するには, 炭素原子はどのように動けばよいか. このことから, もしいす形の反転が1段階でなく多段階で起こるとすれば, 中間に舟形を経る変化があり得ることを示せ.

4

アルケン

　二重結合あるいは三重結合を総称して不飽和結合といい，このような結合をもった炭化水素を不飽和炭化水素という．不飽和結合は反応性に富んでいるため，化学的に興味のある様々な挙動を示す．

　二重結合を1個もった炭化水素を総称してアルケンという．アルケンは安定で合成しやすく，しかも反応性に富んでいるため，実験室でも工業化学においても重要な化合物である．

4.1 アルケンの名称と構造

　一般名（同族列名）：アルケン，エチレン系炭化水素，オレフィン
　一般式：C_nH_{2n}
　命名法：アルカンの語尾 ane（アン）の代わりに二重結合を表す語尾 ene（エン）をつける．その位置は二重結合を含む最も長い炭素直鎖につけた位置番号により示す．位置番号は二重結合炭素がより小さな番号になるようにつける．

　なお，エチレン（IUPAC組織名エテン）のみは慣用名を組織名の代わりに用いることが認められている．また，プロピレン（組織名プロペン）は認めると記されていないが，重合体のポリプロピレンは認められており，矛盾がある．

　炭素数5までの直鎖アルケンの名称を表4.1に示した．

表 4.1 C₅ までの直鎖アルケンの名称

分子式	日本語名[a]	英語名[a]
C_2H_4	エテン（エチレン）	ethene (ethylene)
C_3H_6	プロペン（プロピレン）	propene (propylene)
C_4H_8	ブテン（ブチレン）	butene (butylene)
C_5H_{10}	ペンテン（ペンチレン）	pentene (pentylene)

a：( )内は慣用名.

アルケンから水素原子1個を除いて生じる炭化水素基は，相当するアルケンの語尾を ene（エン）から enyl（エニル）に変えればよい．ただし，炭素の位置番号は水素を失った炭素原子が1となる．

例えば，

$$CH_2=CHCH_2CH_3 \implies \overset{4\ \ \ 3\ \ \ 2\ \ \ 1}{CH_2=CHCH_2CH_2-}$$

1-ブテン　　　　　　　　　　3-ブテニル

慣用名の使用が認められている基の中でよく使われるものに次の2つがある．

$CH_2=CH-$　ビニル vinyl　　　　$CH_2=CHCH_2-$　アリル allyl

4.2 異性体

二重結合を1個もったアルケンの分子式は，飽和の環状炭化水素であるシクロアルカンと一致する．すなわち，この2種の化合物は異性体の関係にある（しかも，ほとんどの場合，それぞれに異性体が存在する）．たとえば，分子式 C_4H_8 に可能な異性体は次頁図4.1に示したとおり6個である．

この中で鎖状の異性体を数えてみると4個あるが，さらに枝分かれのない構造のもの，すなわちブテンという名前がつくものは3個である．これらは

① 二重結合の位置の違いによる 1- および 2-ブテン
② 幾何異性体（シス-トランス異性体）

の2種類に分類できる．幾何異性体（シス-トランス異性体）はシクロアルカンにもでてきたが，2つのメチル基が二重結合の同じ側にあるものをシス体

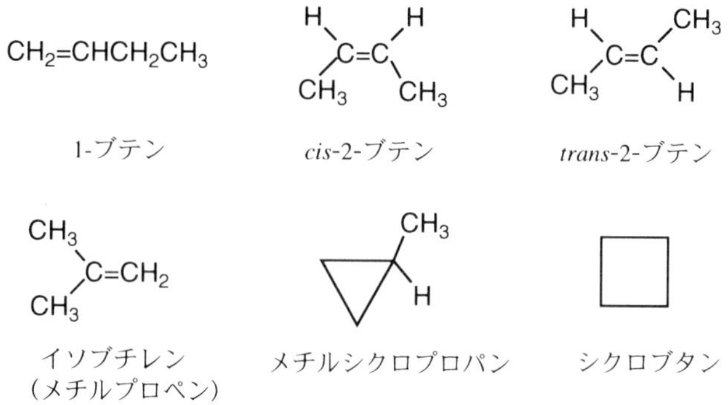

4. アルケン

CH₂=CHCH₂CH₃   (cis-2-ブテン構造)   (trans-2-ブテン構造)

1-ブテン   cis-2-ブテン   trans-2-ブテン

(イソブチレン構造)   (メチルシクロプロパン構造)   (シクロブタン構造)

イソブチレン
(メチルプロペン)   メチルシクロプロパン   シクロブタン

図4.1 C_4H_8 に可能な異性体

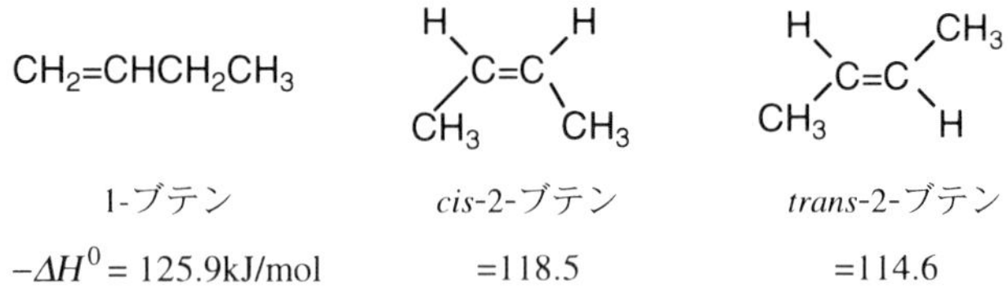

CH₂=CHCH₂CH₃   (cis-2-ブテン)   (trans-2-ブテン)

1-ブテン   cis-2-ブテン   trans-2-ブテン

$-\Delta H^0 = 125.9\,\text{kJ/mol}$ $= 118.5$ $= 114.6$

図4.2   ブテン類の水素化熱

(シス異性体), 反対側にあるものをトランス体 (トランス異性体) という.

　これら3個の異性体は水素を付加すると n-ブタンになるが, この水素化反応は発熱で, その反応熱 (標準水素化エンタルピー*, $-\Delta H^0$) を測定してみると図4.2のようになる.

> ＊：正確には, エンタルピーではなくギブスの自由エネルギー ($\Delta G^0 = \Delta H^0 - T\Delta S$) を使わなければならないが, 今の場合エントロピー項 ΔS は無視できるほど小さいので, エンタルピーだけで議論している.

このデータは図4.3のようにしてみるとわかりやすい. すなわち, ブテンと水素の組合せよりは飽和になったブタンの方がエネルギーが低い状態 (発熱反応である) で, このブタンのエネルギーを基準にすると, 3種のブテン異性体は水素化熱に応じてブタンよりも高いレベルにある. その順位は 1-ブテン > cis-2-ブテン > trans-2-ブテン となり, 低いものほど安定である. これと似た水素化熱と構造との関係は他のアルケンにも認められていて, それは一般則として次の2つにまとめることができる.

4.3 二重結合の構造

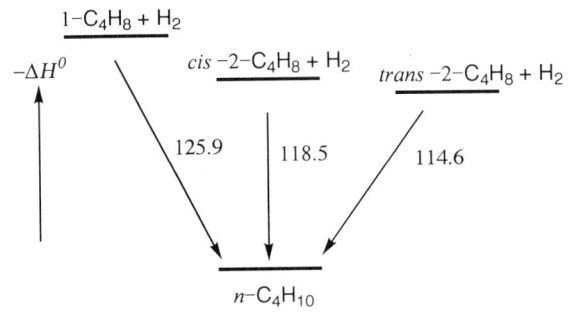

```
          1-C₄H₈ + H₂
              ___
  -ΔH⁰      /     cis-2-C₄H₈ + H₂
   ↑       /        ___      trans-2-C₄H₈ + H₂
   |      /        /           ___
   |   125.9   118.5       114.6
   |    \       |           /
   |     \      ↓          /
   |      ↘    ↓         ↙
              n-C₄H₁₀
               ___
```

図 4.3 水素化熱をもとにしたエネルギー関係図

cis-2-ブテン
(斜め上から眺めた図)

trans-2-ブテン

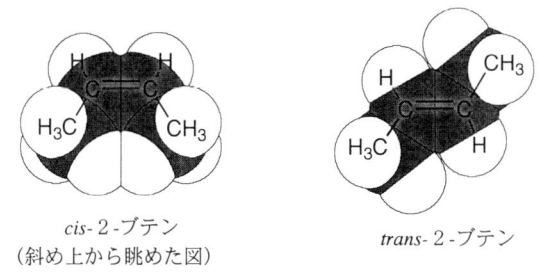

図 4.4 2-ブテン異性体の CPK 模型

① 末端に二重結合のある 1-アルケンよりも内側に二重結合のあるアルケンの方が安定である．

② シス体よりもトランス体の方が安定である．

①は言い方を変えて，炭素骨格が同じならば二重結合により多くの置換基をもった構造の方が安定である，とも表現できる（演習問題 4.4 参照）．

②は二重結合の同じ側に出ている 2 個のアルキル基の間に反発力が働くことで説明できる．確かに，図 4.4 に示した CPK 模型でみる限り，シス体の 2 個のメチル基はぶつかっている．

4.3　二重結合の構造—sp^2 混成状態

2s 軌道関数と 2 つの 2p 軌道関数，あわせて 3 つの軌道関数を組み合わせて互いに独立した軌道関数をつくると，新しい等価な軌道関数が 3 つできる

(a) 三方型 (sp²) 混成軌道

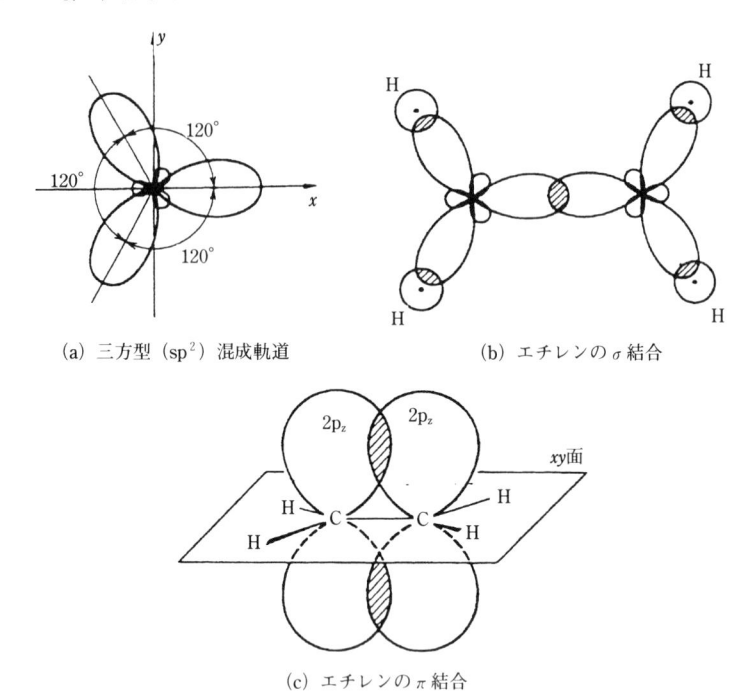

(b) エチレンの σ 結合

(c) エチレンの π 結合

図 4.5 sp² 混成軌道関数とエチレンの結合

(図 4.5(a))．これを sp² 混成軌道関数という．sp² 混成軌道は対称軸が同一平面内にあり，120°で交わっているので，sp³ 混成軌道とは結合角が異なる．

sp² 混成状態にある炭素原子には，混成に使われなかった 2p 軌道関数が 1 つ残っており，この軌道は結合相手の原子の p 軌道と結合をつくる．その際，p 軌道どうしは互いに対称軸を平行にして結合をつくる．この型の結合を π 結合という（図 4.5(c)）．π 結合に対して，図 4.5(b) や図 2.1 に示したメタンのように，結合にかかわる電子が軸対称な分布を示すものを σ 結合という．エチレンは 5 個の σ 結合と 1 個の π 結合からなり，また二重結合は σ 結合と π 結合から構成されている．

二重結合はアルカンの単結合と異なって，結合のまわりに自由に回転することはできない．もし自由に回転できれば，シス体とトランス体は簡単に入れ替わって（異性化して）しまうが，実際にはそのようなことは起こらない．これが二重結合の特徴であるが，結合のようすをもう少し詳しく眺めてみよう．図

エチレンのπ結合

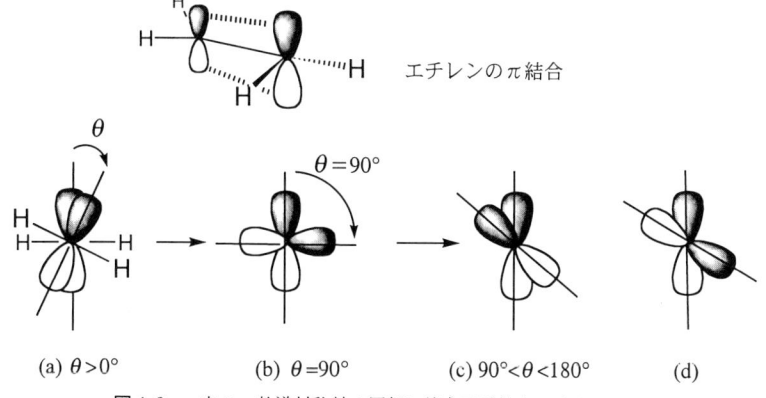

(a) $\theta > 0°$　(b) $\theta = 90°$　(c) $90° < \theta < 180°$　(d)

図 4.6　一方の p 軌道対称軸の回転に伴う二重結合の重なりの変化

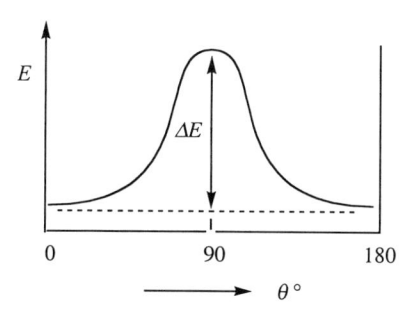

図 4.7　π 結合の回転と切断に伴う二重結合の
エネルギー変化

4.6に示したように，二重結合の結合のうちの1つは2つのp軌道がその対称軸を互いに平行にして重なり合ったπ型の結合である．この結合では，p軌道の同じ符号の部分どうしが重なることで安定な結合となることに注意しておいてほしい．異なった符号どうしの重なりは，反結合状態と呼ばれるエネルギーの高い不安定な状態になってしまう．

シス-トランス異性化を起こさせるためには，一方のp軌道の軸を図4.6に示したように，(a)→(b)→(c)→と180°回転すればよい．回転につれて軌道どうしの重なりは減少する（これは結合が弱くなる，すなわち結合が切れかかることに相当する）ので，分子のエネルギーは高くなり，90°になった(b)でπ結合が完全に切れ，エネルギーは最も高くなる（図4.7）．(b)の状態では2

つのp軌道は全く重なっていないので、軌道の正（あるいは負）の部分が左右（あるいは上下）どちらにあってもよい。そこで、さらに回転角を90°以上にすると、これまでの符号を維持して異符号部分が重なる(d)にはならず、(c)のような再び同符号どうしが重なった状態となり、エネルギーも低下し始める。エチレンは180°回転したところで出発点と同じエネルギーに戻る。

これで二重結合ではシス体とトランス体との異性化が起こりにくいことが説明できた。見方を変えると、このことは外部からπ結合を切るのに必要なエネルギーΔE（図4.7）が供給されれば異性化が可能であることを示している。すなわち、ΔEは異性化の活性化エネルギーにあたる。そこで、そのエネルギーを見積もってみよう。それには次のデータを使う。

C−C 単結合の開裂エネルギー　　347 kJ mol^{-1}

C=C 二重結合の開裂エネルギー　611 kJ mol^{-1}

二重結合の開裂とは、2本の結合の両方を切断することである。そこで、この2つのエネルギー差264 kJ mol^{-1}をとると、これが二重結合のうちπ結合だけを切断するのに必要なおおよそのエネルギー値となる。もちろんこれは非常に荒っぽい近似で、得られた数値はかなり大きな誤差を含むが、実際のΔEはおそらくこの値の2倍以上でも半分以下でもない程度であると考えてよいであろう。

トランス体からシス体への異性化

二重結合を生成する反応でシス-トランス異性体が生成する可能性がある場合、実際に反応を行ってみるとシス体よりもトランス体の方が多く生成するか、あるいはトランス体しか生成しないこともある。これは2-ブテンについて比較したように、より安定なトランス体の方が生成しやすいためである。

このことは、より不安定なシス体の方を合成したいというときに困った問題となる。解決法は2つあって、1つは合成法を工夫してシス体が多くなるようにする方法、もう1つは容易に得られるトランス体を異性化させてシス体に変える方法である。後者の異性化反応は実際にも利用されているが、この反応では外部からエネルギーを加えてやる必要がある。例えばスチルベン $C_6H_5CH=CHC_6H_5$ のトランス体の溶液に光をあててやると、徐々にシス体に変わる。光照射が有効

なのは，光を吸収した二重結合が励起状態では π 結合が切れ，2個の炭素原子の sp^2 混成平面が互いに直角になる（図4.6(b)）ためである．異性化は，直交する2つの CHC_6H_5 を含む平面が回転する方向によって，シス体またはトランス体が生じる．スチルベンの場合は，トランス体に戻る速度よりもシス体に変化する速度の方が速いので，照射時間とともにシス体の量が増える．

4.4 アルケンの反応

二重結合は反応性が高いので，次のような様々な反応が知られている．
(1) 水素の付加（水素化反応）

$$R^1CH=CHR^2 \xrightarrow[\text{触媒}]{H_2} R^1CH_2CH_2R^2 \qquad (4.1)$$

この反応では，触媒として白金，パラジウム，ニッケルなどの微粉末を使う．金属の表面に水素分子とアルケンが吸着されて反応が起こる．
(2) ハロゲンの付加

$$R^1CH=CHR^2 \xrightarrow[(X=Cl,Br,I)]{X_2} R^1\underset{X}{CH}-\underset{X}{CHR^2} \qquad (4.2)$$

一見，単純そうにみえるこの反応も，反応の機構は複雑である．この問題はまとめて次節で述べる．
(3) 過マンガン酸カリウムによる酸化反応

発熱反応である．冷却せずに反応を行うか，あるいは短時間でも加熱すると，二重結合は開裂してカルボン酸が生成物となる．また，冷却しながらアルカリ性の水溶液中で反応を行うと，生成物は二重結合に2個のOH基が付加した化合物（グリコールと総称されている）となる．

$$R^1CH=CHR^2 \xrightarrow[>\text{室温}]{KMnO_4} R^1COOH + R^2COOH \qquad (4.3)$$

$$\xrightarrow{\text{冷却}} R^1\underset{OH}{CH}-\underset{OH}{CHR^2} \quad \text{グリコール} \qquad (4.4)$$

カルボン酸は単離するのも構造を決めるのも比較的容易にできるので，この

反応は未知化合物の構造決定あるいは構造確認の方法としてよく使われる．

(4) オゾン分解

オゾンは二重結合に容易に付加してオゾニドと呼ばれる付加物を生成するが，オゾニドを水と亜鉛で分解するとカルボニル化合物になる．

$$R^1CH=CHR^2 \longrightarrow R^1HC\underset{O-O}{\overset{O}{\diagup\diagdown}}CHR^2 \longrightarrow R^1CH=O + O=CHR^2 \quad (4.5)$$
オゾニド　　　　　　カルボニル化合物

この酸化反応は過マンガン酸カリウムによる反応よりも穏やかで，不飽和結合だけが開裂するので，やはり構造決定の手段としてよく使われる．

(5) 硫酸の付加（アルコールの合成反応）

$$R^1CH=CHR^2 \xrightarrow{H_2SO_4} R^1\underset{H}{CH}-\underset{OSO_3H}{CHR^2} \longrightarrow R^1CH_2\underset{OH}{CHR^2} + H_2SO_4 \quad (4.6)$$
硫酸エステル

付加反応で硫酸のエステル（硫酸の OH の水素をアルキル基に置換した化合物）が得られるが，この付加物は加水分解されてアルコールと硫酸になる．この反応はアルケンからアルコールの合成法として工業的に利用されている．

$$CH_2=CH_2 \longrightarrow CH_3CH_2OH \quad \text{エタノール} \quad (4.7)$$

$$CH_2=CHCH_3 \longrightarrow CH_3\underset{OH}{CHCH_3} \quad \text{イソプロピルアルコール} \quad (4.8)$$

この方法のおかげで，エタノールの工業的製法はデンプンの発酵から，現在では石油化学製品のエチレンを原料とする方法に切り替わっている．

(6) ハロゲン化水素の付加

$$R^1CH=CHR^2 \xrightarrow[(X=Cl,Br,I)]{HX} R^1CH_2\underset{X}{CHR^2}$$

$$\text{反応例：} CH_2=CHCH_3 \xrightarrow{HBr} CH_3\underset{Br}{CHCH_3} \quad (4.9)$$

(7) 重合反応

$$CH_2=CH\underset{X}{|} + CH_2=CH\underset{X}{|} + CH_2=CH\underset{X}{|} + CH_2=CH\underset{X}{|} + \cdots$$

$$\longrightarrow \cdots CH_2\underset{X}{C}HCH_2\underset{X}{C}HCH_2\underset{X}{C}HCH_2\underset{X}{C}H \cdots$$

X=H, ポリエチレン；X=CH$_3$, ポリプロピレン；X=Ph, ポリスチレン
X=Cl, ポリ塩化ビニル；X=CN, ポリアクリロニトリル

(4.10)

　このタイプの重合体は非常に多くの例があり，製品化されているものも多い．重合反応の原料である $CH_2=CHX$ をモノマー（monomer；単量体），重合体をポリマー（polymer）といい，重合体の名称はモノマーの名称に接頭語ポリをつければよい．

　重合体の構造をみると，X が水素以外の場合は，これが置換基として炭素鎖から突き出ている．3次元の構造を考えると，この置換基の出方によってシンジオタクチック，アイソタクチック，アタクチックの3種の立体構造が可能である（図4.8）．

　ちょっと考えると，モノマーが1個ずつ結合して行くのだから生成物は不規則なアタクチック型になりそうだが，実際には重合の触媒を工夫することによって規則性のある構造をもったものが得られる．例えば，ポリプロピレンは，ナッタ（Natta）触媒によりアイソタクチック構造のものが，またバナジウム系触媒ではシンジオタクチック構造のものが得られる．このような構造の違いは重合体の性質にも現れる．規則性のある構造のものは炭素鎖が規則正しく互いに密接して並びやすく，部分的に結晶に近い構造が現れるため，大きな分子間力が作用して融点が高くて硬い．アタクチックな構造のものは逆に分子鎖が

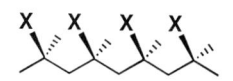

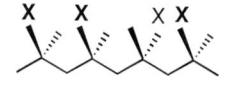

アイソタクチック構造　　シンジオタクチック構造　　アタクチック構造（規則性なし）
isotactic　　　　　　　syndiotactic　　　　　　atactic

図4.8　重合体の立体構造

そろって並びにくいので，分子間力が弱く，融点の低い軟らかい性質のものになる．

現在よく使われているポリプロピレン製の荷造り用の紐やテープはアイソタクチック構造のもので，融点の高さをかわれて電子レンジ用の容器としても使われている．

2種類のポリエチレン

われわれがポリエチレンと呼んでいるものには2種類あることをご存知だろうか．それは低密度ポリエチレン（LDPE；low density polyethlen）と高密度ポリエチレン（HDPE；high density polyethylene）の2つである．名前のとおり，密度に違いがあり，低密度のものは $0.92\,\mathrm{g\,cm^{-3}}$，高密度のものは $0.95\,\mathrm{g\,cm^{-3}}$ である．低密度ポリエチレンは枝分かれをした構造の割合が多く，そのため分子鎖の並びが不規則な部分が多い（結晶化度が小さい）ので機械的強度は弱い．また軟質で透明性が高い．一方，高密度ポリエチレンは枝分かれが少なく，結晶化度が高いため，強く，硬質であるが透明性は低密度のものに劣る．この違いは製造方法によって生じたもので，高密度型はチーグラー（Ziegler）触媒を用いて低い圧力下で炭素鎖を伸ばして行く方法をとるのに対して，低密度型は高温，高圧で酸素のようなラジカル重合触媒を用いて反応を行う．ラジカル反応では，二重結合への付加とともに分子内での水素の引き抜きが起こるので，このときに炭素鎖に側鎖ができる（式 (4.11)）．

$$\cdots\mathrm{CH_2CH_2CH_2CH_2\cdot} \xrightarrow[\text{付加}]{\mathrm{CH_2=CH_2}} \cdots\mathrm{CH_2CH_2CH_2CH_2CH_2CH_2\cdot}$$

$$\cdots\mathrm{CH_2CH} \underset{\mathrm{H}}{\overset{\mathrm{CH_2-CH_2}}{\diagup\diagdown}} \mathrm{CH_2} \xrightarrow{\text{水素引き抜き}} \cdots\mathrm{CH_2CH\cdot} \overset{\mathrm{C_4H_9}}{|} \xrightarrow[\text{付加}]{\mathrm{CH_2=CH_2}}$$

(4.11)

現在日常使われているポリエチレン製の袋は，透明でやや厚手もの（低密度型）と，透明性にやや劣るが非常に薄手のもの（高密度型）の両方が使われている．低密度型は水は透過しないが，酸素や二酸化炭素は簡単に通り抜けてしまうので，酸素を嫌う食品の保存には向いていない．

4.5 付加反応の機構とマルコウニコフ則

4.5.1 付加反応の機構

二重結合の最も重要な反応は付加反応であるが，単純そうにみえるこの反応もよく調べてみると面白いことがわかる．例として臭素分子の付加をシクロヘキセンについてみてみよう．

$$
\begin{array}{ll}
(a) & \text{シクロヘキセン} \xrightarrow{Br_2} \text{生成物} \quad \text{トランス付加} \\
(b) & \text{シクロヘキセン} \xrightarrow{Br-Br} \text{生成物} \quad \text{シス付加}
\end{array}
\tag{4.12}
$$

この反応の生成物の構造を調べてみると，1,2-ジブロモシクロヘキサンのトランス体だけでシス体は含まれていない（式 (4.12)(a)）．ちょっと考えると，臭素分子が二重結合の片方の面から近づいてそのまま付加してシス体ができそうであるが（式 (4.12)(b)），トランス体の生成を説明するためには，これとは別の機構を考えなければならない．

この問題は多くの研究者の努力によって解決されたが，その結果を要約すると次のようになる．まず，臭素分子は二重結合に近づくにつれて分極し，最期には Br^+ と Br^- に分離してカチオンの方が二重結合に配位する．このとき生成するのは2つの炭素原子に弱く結合した形の橋架けカチオンである（式 (4.13)）．

$$
\underset{\text{臭素の分極}}{\overset{\delta+\quad\delta-}{Br-Br}} \longrightarrow \underset{\text{橋架けイオン}}{Br^+ \quad Br^-} \longrightarrow \underset{\text{付加}}{\overset{Br}{\underset{Br}{}}}
\tag{4.13}
$$

残った臭素アニオンがカチオンと同じ側から近づくと，弱い配位をしたカチオンと再び結合して臭素分子になってしまうので，付加物は生じない．しかし

反対側の面から近づくと，このようなことが起こらないのでトランスに付加した生成物になる．また，反対側から近づくのは必ずしもアニオンでなくてもよい．臭素イオンでなくても，分極して負の電荷を帯びた別の臭素分子が反応しても同じ結果になる（この場合は臭素カチオンが残る）．要は，臭素分子が分子のままで反応するのではなく，正，負の電荷をもったイオンに分かれて反応することにある．誤解のないように断っておくが，臭素分子は溶液中であらかじめカチオンとアニオンに解離してから反応するわけではない．二重結合に十分近づいたときに初めてこの分子は分極を起こすのである．また，このような機構で反応が進行する重要な理由として，臭素分子が大きな分極率をもっていることがあげられる．したがって，すべてのハロゲン付加反応がこのように進行するわけではない．例えば，分極しにくいフッ素では付加反応そのものが起こらない（ただし，フッ素が反応しにくい理由は分極率によるものだけではない．第9章を参照のこと）．

トランス体の生成は確かにこれで説明できるが，本当に臭素カチオンが二重結合に付加しているどうかは，証明する必要がある．その1つの例として式(4.14)をあげることができる．

$$\tag{4.14}$$

橋架けカチオン中間体

この反応は，臭素の付加を塩化リチウムを溶かしたメタノール中で行ったものである．当然，臭素付加物（**1**）が得られるが，それ以外に塩素を含んだもの（**2**）とメトキシ基をもったもの（**3**）もわずかではあるが得られる．**2**と**3**の付加物は明らかに，橋架けカチオンに溶液中の塩化物イオンあるいは溶媒のメタノール自身が反応して生じたものである．メタノールが反応する機構はわかりにくいかもしれないので式（4.15）に記しておいた．塩化物イオンもメタ

ノールも，橋架けカチオンから変化した正電荷をもった原子，すなわちカルボカチオン（carbocation；炭素陽イオン，カルボニウムイオン carbonium ion ともいう）に結合するが，この段階は酸（カルボカチオン）と塩基の反応である（1.5節参照）ことに注目しておいてほしい．

$$\begin{array}{c}\text{CH}_3\\>\!\!\text{C}^+\ \ \ddot{\text{O}}\!:\\\ \ \ \ \ \ \ \ \ \text{H}\end{array}\quad\longrightarrow\quad\begin{array}{c}\text{CH}_3\\>\!\!\text{C}\!-\!\overset{+}{\ddot{\text{O}}}\\\ \ \ \ \ \ \ \ \ \text{H}\end{array}\quad\xrightarrow{-\text{H}^+}\quad\begin{array}{c}\text{CH}_3\\>\!\!\text{C}\!-\!\ddot{\text{O}}\!:\end{array}\qquad(4.15)$$

4.5.2 マルコウニコフ則

反応式（4.14）の生成物のうち **2** と **3** をよくみると，臭素は必ず二重結合の左側の炭素，すなわち水素をもった炭素と結合している．またこの逆の付加の仕方をした生成物は見つかっていない．同じような現象はすでに前節で紹介したプロピレンへの硫酸の付加（式（4.6））やハロゲン化水素の付加（式（4.9））でもみることができ，この場合は水素が末端の炭素に必ず結合している．このように，反応の際にあるグループの結合する位置が決まってしまう現象（位置選択性があるという）は，じつは多くの化合物で知られていて，マルコウニコフ則（Markovnikov rule）としてまとめられている．すなわち，

「HX 型の化合物が二重結合に付加する場合，水素原子はより水素を多くもった炭素と結合する」

というものである．ではなぜこのような位置選択性が現れるのであろうか．結論を先にいうと，HX の付加が H^+ と X^- に分かれ，まず H^+，次いで X^- の順に 2 段階で起こるためである．これには中間で生じるカルボカチオンの安定性が関係しているので，まずそれについて述べよう．式（4.16）に示すように，カルボカチオンは結合するアルキル基の数により安定性に差がある．式中の不等号は安定性の大小を示す．

$$\text{R}-\text{CH}_2^+\quad<\quad\begin{array}{c}\text{R}^1\\\text{R}^2\end{array}\!\!\overset{+}{\text{C}}\!-\!\text{H}\quad<\quad\begin{array}{c}\text{R}^1\\\text{R}^2\end{array}\!\!\overset{+}{\text{C}}\!-\!\text{R}^3\qquad(4.16)$$

第1級カチオン　　　第2級カチオン　　　第3級カチオン

すなわち，カルボカチオンと結合するアルキル基の数が多いほど安定であ

る．したがって，図にはないが，メチルカチオン CH_3^+ は図のいずれのカチオンよりも不安定である．第1級から第3級までの名称はすでに述べたアルキル基の分類で用いた名称をそのまま引き継いでいる．アルキル基には電子不足の原子に対してわずかではあるが電子を提供する効果があり，そのためアルキル基を多くもつカチオンほど正電荷が減少するので安定になる．このときアルキル基は電子を提供した分だけ正電荷を帯びることになるので，イオン全体としては，正電荷の一部がアルキル基に分散したことになる．この現象をもっと一般的に表現すると，次のような安定性に関する原理が導き出せる．

「**イオンでは，構造内における電荷の分布領域が広がるほど系は安定となる**」

カチオンの構造と安定性との関係は，これからもたびたび使うことになるが，まずは付加反応に適用してみよう．反応 (4.15) と (4.6) の場合で，それぞれ臭素カチオンとプロトンが付加する位置は式 (4.17) と式 (4.18) に示すように2カ所ある．しかし，その結果生じる2種のカルボカチオンは，不等式で示したように安定性に差がある．

安定性からみて有利なカチオンは1種である．実際に生成する付加物は，より安定な方のカチオンに残りのアニオンが結合した構造のものである．

マルコウニコフ則は，二重結合に配位するカチオンがプロトンの場合について，より安定なカルボカチオンが生じる反応位置を示したものである．

4.6 アルケンの合成

(1) アルカンの脱水素

エチレン，プロピレンといった工業原料として大量に使われるアルケンは，石油を出発点としてアルカンの熱分解により生産される．

(2) アルコールの脱水

$$R^1CH_2CHR^2\underset{OH}{|} \xrightarrow{脱水剤} R^1CH=CHR^2 \qquad (4.19)$$

原料となるアルコールの構造によっては複数の生成物になってしまうことがある．脱水剤としては濃硫酸，アルミナ，硫酸水素カリウムなどが使われる．ヒドロキシ基 OH が炭素鎖の内側にあると二重結合のできる位置は 2 つの可能性があり，さらにシス-トランス異性体の可能性があるので，生成物は混合物になることが多く（式 (4.20)），特定の位置に二重結合をもったアルケンの合成法としては必ずしも適当ではない．

$$R^1CH_2CHCH_2R^2\underset{OH}{|} \xrightarrow{脱水剤} R^1CH=CHCH_2R^2 + R^1CH_2CH=CHR^2 \qquad (4.20)$$

(3) ハロゲン化物の脱ハロゲン化水素

$$R^1CH_2CHR^2\underset{X}{|} \xrightarrow{塩基} R^1CH=CHR^2 \qquad (4.21)$$

普通，脱離で生じるハロゲン化水素は塩基と反応して塩となる．

(4) 三重結合の半還元

$$R^1C\equiv CR^2 \xrightarrow[触媒]{H_2} R^1CH=CHR^2 \qquad (4.22)$$

通常の触媒は生成したアルケンをさらに水素化してしまうが，この反応は触媒の活性をわざと弱くして，二重結合の水素化速度を遅くしたものを使う．すなわち，リンドラー (Lindlar) 触媒と呼ばれる，Pd-CaCO$_3$ を酢酸鉛で被毒したものを用い，さらにキノリンを加えて水素化を行う．

【演習問題】

4.1 分子式 C_5H_{10} をもつ炭化水素に可能な構造式をすべて記せ．ただし，鏡像異性体は1種と数えよ．

4.2 上問で記した構造の名称を記せ．

4.3 1-および2-ペンテンに臭化水素が付加したときの生成物を示せ．

4.4 2位にヒドロキシ基をもつアルコールを硫酸で脱水すると2種のアルケンが得られるが，一般に1-アルケンよりも2-アルケンの方が多く生成する．理由を説明せよ．

$$R^1CH_2CHCH_3 \xrightarrow{硫酸} R^1CH=CHCH_3 + R^1CH_2CH=CH_2 \quad (4.23)$$
$$\underset{OH}{|} \qquad\qquad 2-アルケン \qquad 1-アルケン$$

また2-メチル-2-ブタノールの脱水でもっとも多く生成するアルケンは何か．構造と名称を記せ．

4.5 式 (4.22) に示したアルキンの水素化で生成するアルケンでは，シス体とトランス体のいずれが多いと思うか．またそれはなぜか．

4.6 アルケンに酸の存在下で水の分子が反応してアルコールを生成する反応がある．式 (4.16) を参考にして，アルケンからアルコールが生成する反応の機構を記せ．（ヒント：アルケンに最初に反応するのは酸のプロトンである）

4.7 *cis*-および *trans*-2-ブテンに臭素が付加をしたときの生成物は同じものか．トランス付加による生成物の構造を記して考えよ．

4.8 あるアルケンにオゾンを作用させて分解したところ，プロピオンアルデヒド CH_3CH_2CHO とアセトン $(CH_3)_2CO$ が得られた．アルケンの構造を推定せよ．

4.9 分子式 C_6H_{10} の化合物を過マンガン酸カリウムで酸化したところ，カルボン酸 $HOOC(CH_2)_4COOH$ が生成した．この化合物の構造を推定せよ．

5

アルキン

この章では三重結合をもった炭化水素について述べる．同じ不飽和結合に分類されていても，三重結合が二重結合とどのように違うかという点に注目してほしい．

5.1 アルキンの名称と構造

一般名（同族列名）：アルキン，アセチレン系炭化水素
一般式：C_nH_{2n-2}
命名法：アルカンの語尾 ane（アン）のかわりに三重結合を表す語尾 yne（イン）をつける．位置番号のつけ方はアルケンの場合と同じである．もし二重結合と三重結合が1つの分子中にある場合は，二重結合の炭素により小さな位置番号をあてる．これは，エン ene の e がイン yne の y よりもアルファベット順が前になるためである．例えば次のようになる．

$CH_2=CH-CH_2-C≡CH$　　　　　$HC≡C-CH=CH-CH_3$
　　1-ペンテン-4-イン　　　　　　　3-ペンテン-1-イン
　　(1-pentene-4-yne)　　　　　　　(3-pentene-1-yne)

3-ペンテン-1-インが2-ペンテン-4-インとならないのは，官能基の位置番号をより小さな番号から始めることが，官能基自身の順位（エン＞イン）よりも

優先する（2.1.2項参照）ためである．

アセチレン（IUPAC組織名エチン ethyne）のみはこの慣用名を用いることが認められている．他のアルキンは慣用名を使うとすれば，アセチレンの誘導体として命名するしかない（例えば，プロピン $CH_3C \equiv CH$ はメチルアセチレンとなる）ので，ほとんどの場合，組織名が使われている．

5.2　三重結合の構造—sp混成状態

2s軌道関数といずれか1つの2p軌道関数，あわせて2つの軌道関数を組み合わせて互いに独立した軌道関数をつくると，新しい等価な軌道関数が2つできる（図5.2）．これをsp混成軌道関数という．この2つの軌道は対称軸が共通しているので重なった部分があるようにみえるが，それは図のうえだけのことで，量子力学的には重なっていない（2つの軌道関数の積を全領域にわたって積分すると，その値はゼロになる）．このような混成状態の炭素原子2個が結合すると，sp混成軌道関数を使った1個の σ 結合と，混成に使わなかった2つの2p軌道関数を使った2個の π 結合とからなる三重結合が生じる．有機化合物におけるその典型的な例はアセチレンである．この混成状態の炭素原子からの結合は1本の直線上にあるので，二重結合と異なってシス-トランス異性体は存在しない．

これで，炭素-炭素間の結合3種がすべてそろったので，それぞれの代表として炭素原子2個からなる同族体を代表として，結合距離と結合エネルギーを表5.1にまとめておいた．

これまで混成という概念を当然のように使ってきたが，じつはこれは実際に存在する化合物の結合を説明するための1つの仮説にすぎない．混成という概念を支持する理論的な根拠は存在しない．しかしながら，これは混成という概

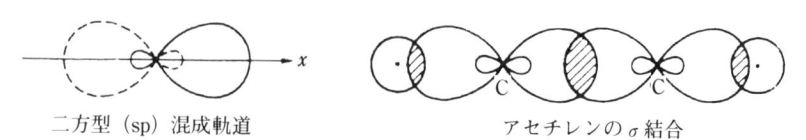

　　　二方型（sp）混成軌道　　　　　　アセチレンの σ 結合

図5.1　sp混成軌道関数とアセチレンの結合

表5.1 3種の炭素-炭素結合の距離とエネルギー

化合物 （炭素の混成状態）	結合距離/nm		結合エネルギー[a] /kJmol^{-1}
	C-C	C-H	
CH$_3$-CH$_3$ (sp^3)	0.1541	0.1092	347
CH$_2$=CH$_2$ (sp^2)	0.1337	0.1086	611
CH≡H (sp)	0.1205	0.1060	837

a：平均値．

念が正しくないという意味ではない．ニュートンの運動方程式も同様に理論的な根拠はないが，公理として扱われている．混成という概念がよく使われるのは，現実にこの説明と矛盾するものに出会っていないことと，この概念を適用することが便利だからである．

　表5.1を見ると，炭素-炭素間の結合距離は結合の数が増えるほど短くなり，それにつれて結合のエネルギーも増加する．これは，結合に関与する電子数が増加すればそれだけ原子どうしを引きつけ，結合力が強くなるという，常識として理解できる現象である．ただし，結合エネルギーの増加の度合いは，単結合から二重結合の方が，二重結合から三重結合になる場合よりも大きい．結合の数が増えると結合エネルギーも増えるが，炭素間に存在する電子の数も増えて電子の間の反発力が大きくなるので，π-π結合が1つ増えるごとにエネルギーがいくら増えるというような単純な足し算にならない．ここに示した結合距離は単結合，二重結合，三重結合の標準（別の言い方をすれば，3種の混成状態に対応する結合距離の標準）としてよく使われる．逆に，これらの結合距離と大きくかけ離れた結合が見つかった場合は，その裏に何らかの特別な事情があると考えた方がよい．C-H結合も炭素の混成状態によって変化するが，その大きさはC-C結合ほどではない．しかし同じ単結合でありながらわずかでも変化するということは，この結合距離も混成状態によっても変化することを示している．

5.3 アルキンの性質

アルキンといっても，ここで扱うのはほとんどの場合アセチレンである．

5.3.1 アセチレンの不安定性

　液状のアセチレンは衝撃により爆発的に分解する．加圧しただけでも爆発することがある．この性質は工業原料としてアセチレンを扱う際には厄介な問題となる．実際に，かつては高圧アセチレンを使った工場で爆発事故が頻発した．この問題は 1930 年代にレッペ Reppe が考案した触媒を使うことによって解決され，以後触媒を用いてアセチレンの付加や重合をおこなう反応はレッペ反応と呼ばれている．

　アセチレンと比べるとエタンやエチレンは加圧しても簡単には分解しない．これは次のようなデータをみると理解できる．

$$CH_3-CH_3(g) \rightarrow 2\,C(s) + 3\,H_2(g) \qquad \Delta H = 84.0 \text{ kJ mol}^{-1}$$

$$CH_2=CH_2(g) \rightarrow 2\,C(s) + 2\,H_2(g) \qquad \Delta H = -52.2$$

$$CH\equiv H(g) \rightarrow 2\,C(s) + H_2(g) \qquad \Delta H = -228.0$$

すなわち，これらの化合物を構成単位まで分解する反応は，エタンが吸熱であるがエチレンとアセチレンは発熱（$\Delta H < 0$）である．特にアセチレンではかなり多量の熱が発生する．気体のアセチレンを加圧していくと，分子間の衝突が激しくなる．このとき，もし大きな運動エネルギーをもった分子どうしが衝突して，そのエネルギーが分解反応の活性化エネルギーを超えた場合は，分解が起こることがある．分解反応が起これば熱が発生し，それを周囲の分子が吸収すれば，大きな運動エネルギーをもった分子の数が増加するので，ますます分解反応は促進される．このようにして，分解と発熱が繰り返し起これば，分解反応は加速度的に進行して爆発というかたちになることは容易に想像できよう．エチレンの場合は，分解は確かに発熱を伴うが，その量はたいしたことはないので，連鎖的に分解が起こるところまでいかないと考えられる．アセチレンの三重結合は結合エネルギーが大きいので一見安定なようにみえるが，分子全体としてはむしろ不安定な化合物なのである．

アセチレン・ボンベ

　アセチレンを空中で燃やすと赤い炎をあげて多量のすすを出しながら燃焼する．しかし酸素を吹き込みながら燃やすと 2800℃ という高温の炎（酸素アセチ

レン炎）が得られるので，そのための加圧したアセチレンを詰めたアセチレン・ボンベが金属の溶接・切断用に工場や工事現場でよく使われている．本項で述べたように，アセチレンは加圧すると危険なはずであるが，それにもかかわらずこのようなボンベが普通に使われているのはなぜだろうか．じつは，このボンベの中身はアセチレンそのものではなく，アセチレンをアセトンに溶かした溶液をけい藻土のような多孔質の物質にしみこませたもので（12気圧でアセトンにその体積の300倍のアセチレンが溶ける），そのため爆発の危険はまったくない．

ところで，アセチレンが高温炎の発生に使われるのにはそれなりの理由がある．次の燃焼熱（標準燃焼エンタルピー）のデータをみてほしい．

$CH_3-CH_3(g) + 7/2\, O_2 \to 2\, CO_2(g) + 3\, H_2O(l)$　　$\Delta H^0 = -1561$ kJ mol^{-1}

$CH_2=CH_2(g) + 3\, O_2 \to 2\, CO_2(g) + 2\, H_2O(l)$　　$\Delta H^0 = -1410$

$CH\equiv CH(g) + 5/2\, O_2 \to 2\, CO_2(g) + H_2O(l)$　　$\Delta H^0 = -1326$

このデータによると，発熱量はアセチレンよりもエタンの方が多い．それにもかかわらずアセチレンを使うのはなぜだろうか．確かに，家庭用の暖房として燃やすのであれば発熱量の多いエタンがよい．しかし，溶接などに必要な高温の炎を得るには，炎を形成する分子の数が熱量に比べて少ない方がよい．まして，炎に含まれる水は大きな気化熱を奪うからその量の多少は炎の温度に大きな影響を与える．この点では明らかにアセチレンがすぐれている．これが酸素アセチレン炎で高温が得られる理由である．

5.3.2　三重結合への付加反応

二重結合と同じように，多くの付加反応が知られている．反応は飽和化合物にいたるまで2段階で起こるが，多くの場合，1段階目で反応を止めることができる．

$$HC\equiv CH \xrightarrow{Br_2} \underset{Br\ Br}{HC=CH} \xrightarrow{Br_2} Br_2HC-CHBr_2 \qquad (5.1)$$

$$HC\equiv CH \xrightarrow{\underset{Hg^{2+}}{H_2O}} \underset{\underset{\text{ビニルアルコール}}{OH}}{CH_2=CH} \xrightarrow{異性化} \underset{\text{アセトアルデヒド}}{CH_3CH=O} \qquad (5.2)$$

$$HC\equiv CH \xrightarrow{HCl} CH_2=CH{-}Cl \quad 塩化ビニル \qquad (5.3)$$

$$HC\equiv CH \xrightarrow{CH_3CO_2H} CH_2=CH{-}OOCCH_3 \quad 酢酸ビニル \qquad (5.4)$$

$$HC\equiv CH \xrightarrow{HCN} CH_2=CH{-}CN \quad アクリロニトリル \qquad (5.5)$$

アセチレンに HX 型の化合物が 1 分子付加した生成物は,いずれも工業的には重要な原料である.水の付加式 (5.2) で生成したビニルアルコールは不安定でアセトアルデヒドに異性化するが,このアルデヒドは酢酸の原料として重要な化合物である.しかし,この方法は有毒な水銀イオンを触媒として必要とするため,現在は採用されていない.式 (5.3) 〜 (5.5) の反応生成物は,いずれも付加重合反応のモノマーとなる化合物である.ただし現在では,これらのモノマーをアセチレンを経由して合成するのは経費がかかりすぎるため,石油化学の産物であるエチレンから合成する方法に切り替えられている.

5.3.3 酸 化

二重結合と同様,三重結合も過マンガン酸カリウムやオゾンのような酸化剤とは容易に反応する.

$$\begin{aligned}
R^1{-}C\equiv C{-}R^2 &\xrightarrow[H_2O]{KMnO_4,\ KOH} R^1{-}COOH + R^2{-}COOH \\
R^1{-}C\equiv C{-}R^2 &\xrightarrow{(1)\ O_3,\ (2)\ H_2O} R^1{-}COOH + R^2{-}COOH
\end{aligned} \qquad (5.6)$$

5.3.4 アセチリド(金属化合物)の生成

1-アルキンに銅(I) イオンや銀イオンを作用させると,末端の水素が金属と置換した化合物が沈殿する.

$$RC\equiv CH + Ag^+ \longrightarrow RC\equiv CAg\downarrow \qquad (5.7)$$

基本化学シリーズ

大学1～2年生を対象とする基礎専門課程のテキスト
A5判　144頁～216頁

1. 有機化学 山本 忠・吉岡道和・他著　本体2700円	有機化学の基礎を1年で習得できるよう解説 〔内容〕化学結合と分子／アルカン／他 ISBN4-254-14571-3　注文数　　冊		
2. 構造解析学 幸本重男・加藤明良・他著　本体3200円	有機化合物の構造解析を1年で習得できるようわかりやすく解説 ISBN4-254-14572-1　注文数　　冊		
3. 基礎高分子化学 成智聖司・中平隆幸・他著　本体3200円	材料分野で中心的役割を果たす高分子化学について理論から応用までを平易に記述 ISBN4-254-14573-X　注文数　　冊		
4. 基礎物性物理 落合勇一・関根智幸著　本体2400円	基礎的な物理・数学の理解から始め，量子力学・量子物性論をわかりやすく解説 ISBN4-254-14574-8　注文数　　冊		
5. 固体物性入門 上野信雄・日野照純・石井菊次郎著　本体2500円	固体のもつ性質を身近かな物質や現象を例に1,2年生に理解できるよう平易に解説 ISBN4-254-14575-6　注文数　　冊		
6. 物理化学 北村彰英・久下謙一・他著　本体2700円	物質を巨視的見地から考えることを主観として構成した物理化学の入門書 ISBN4-254-14576-4　注文数　　冊		
7. 基礎分析化学 小熊幸一・石田宏二・他著　本体3400円	化学の基本である分析化学について大学初年級を対象にわかりやすく解説 ISBN4-254-14577-2　注文数　　冊		
8. 基礎量子化学 菊池 修著　本体2800円	量子化学を大学2年生レベルで理解できるよう分かりやすく解説 ISBN4-254-14578-0　注文数　　冊		
9. 基礎無機化学 服部豪夫・佐々木義典・他著　本体3400円	化学結合や量子的な考えをとり入れ，無機化合物を応用面を含め解説 ISBN4-254-14579-9　注文数　　冊		

＊**本体価格は消費税別です**(1999年1月10日現在)

▶お申込みはお近くの書店へ◀

朝倉書店

162-8707 東京都新宿区新小川町6-29
営業部　直通(03) 3260-7631 FAX(03) 3260-0180
http://www.asakura.co.jp　eigyo@asakura.co.jp

化学者のための基礎講座

日本化学会を編集母体とした学部3～4年生向テキスト
A5判 192～216頁

1. 科学英文のスタイルガイド
傳 遠津著　　本体2900円
英文手紙・論文の書き方エッセンスを例文と共に解説した入門書
ISBN4-254-14583-7　注文数　　冊

9. 有機人名反応
小倉克之著　　本体3400円
基礎および有機合成に役立つ反応約250種について，その反応機構，実際例などを解説
ISBN4-254-14591-8　注文数　　冊

11. 電子移動の化学
渡辺 正・中林誠一郎著　　本体3000円
電子のやりとりを通して進む多くの化学現象をわかりやすく解説
ISBN4-254-14593-4　注文数　　冊

現代化学講座

黒田晴雄・桜井英樹・増田彰正 編
A5判 176～240頁

1. 物理化学 I ―構造化学・量子化学―
山口一郎著　　本体4000円
ISBN4-254-14531-4　注文数　　冊

2. 物理化学 II ―化学熱力学・統計力学―
妹尾 学著　　本体2800円
ISBN4-254-14532-2　注文数　　冊

9. 無　機　化　学
菅野 等著　　本体3800円
ISBN4-254-14539-X　注文数　　冊

12. 天　然　物　化　学
大石 武編著　　本体3400円
ISBN4-254-14542-X　注文数　　冊

15. 放　射　化　学
古川路明著　　本体3900円
ISBN4-254-14545-4　注文数　　冊

フリガナ		TEL
お名前		（　　　）　－
ご住所（〒　　　）		勤務先／自宅（○で囲む）

帖合・書店印	ご指定の書店名
	ご住所（〒　　　）
	TEL（　　　）　－

99-005

$$RC \equiv CH + Cu^+ \longrightarrow RC \equiv CCu \downarrow \qquad (5.8)$$

この現象は，sp混成状態の炭素原子に結合した水素に弱いながら酸性があるためである．つまりこの沈殿は一種の金属塩である．酸は塩基があって初めて酸としての作用を示すことは第1章でも述べたが，金属イオンでなくてもナトリウムアミドのような強い塩基を作用させると式(5.9)のようにアルキンのナトリウム塩に相当する化合物ができる．アセチレンの場合，このような金属塩をアセチリドという．アセチレンには酸性をもった水素原子が2個あるので，金属が2個入った塩も生成する．アセチレンを実験室で発生させるのによく使われる炭化カルシウム CaC_2（カーバイド*）は2価の金属の塩である．

* : Calcium carbide の略．これでわかるように，カーバイドはもともとカルシウム化合物のみを示す語ではない．

$$\underset{\text{弱い酸}}{RC \equiv CH} + \underset{\text{強い塩基}}{Na^+NH_2^-} \longrightarrow RC \equiv CNa + NH_3 \qquad (5.9)$$

$$\underset{\text{強い塩基}}{RC \equiv CNa} + \underset{\text{弱い酸}}{H_2O} \longrightarrow RC \equiv CH + NaOH \qquad (5.10)$$

弱い酸の共役塩基は強い塩基である（1.4節参照）．すなわち，酸 $RC \equiv CH$ の共役塩基 $RC \equiv C:^-$ は強い塩基であり，例えば水のような弱い酸とでも容易に反応して1-アルキンとなる（式(5.10)）．炭化カルシウムと水からアセチレンが発生するのはこの反応である．ではアセチレンの酸性はどの程度であろうか．酸解離定数 K_a を弱い酸と比較してみよう（表5.2）．

この表を見ると，アセチレンは水やエタノールよりも弱い酸であるが，アン

表5.2 弱い酸の酸解離平衡定数（25℃）

$$K_a = \frac{[A^-][H_3O^+]}{[AH]}$$

化合物	K_a
$H-C \equiv N$	10^{-9}
H_2O	10^{-16}
C_2H_5-O-H	10^{-18}
$H-C \equiv C-H$	10^{-25}
NH_3	10^{-35}
$CH_2=CH_2$	10^{-44}
CH_3-CH_3	10^{-50}

（数値はおおよそのオーダーを示した．）

モニアよりは強い酸であることがわかる．また，sp^2 混成あるいは sp^3 混成炭素と結合した水素の酸性はきわめて弱く，通常の反応条件では考慮する必要がないことがわかる．シアン化水素はアセチレンと構造が似ているが，酸性ははるかに大きい．これは三重結合炭素と結合する窒素の電気陰性度の効果である．

5.4 アルキンの合成

(1) 炭化カルシウムと水の反応

$$CaC_2 + 2H_2O \longrightarrow HC\equiv CH + Ca(OH)_2 \qquad (5.11)$$

これはアセチレンの実験室における製法である．

(2) メタン，エタンの熱分解（工業的製法）

石油精製の第一次製品として得られるメタンやエタンを高温で加熱することにより得られる．アセチレンが不安定な化合物であることと矛盾するようであるが，じつは 1100℃ を超えた高温ではエチレンよりもアセチレンの方が安定で，エチレンはアセチレンと水素に分解する＊．

> ＊：上の安定・不安定の議論ではエンタルピーを使ったが，より正確にこの問題を論じるには Gibbs の自由エネルギー $\Delta G (=-\Delta H + T\Delta S)$ によらなければならない．この式の第2項 $T\Delta S$ は温度に依存し，その符号が $-\Delta H$ と逆で，しかも高温で十分に大きな値となれば，ΔG の符号も逆転するので安定性も逆転する．高温で二酸化炭素が一酸化炭素と酸素に，また水が水素と酸素に分解するのも同じ理由である．

(3) 脱ハロゲン化水素

ジハロゲノアルカンまたはハロゲノアルケンから塩基により脱ハロゲン化水素を行う．

$$\underset{\underset{X}{|}\;\underset{X}{|}}{R^1CH-CHR^2} \xrightarrow{塩基} R^1\text{-}C\equiv C\text{-}R^2 + 2HX \qquad (5.12)$$

$$\underset{\underset{X}{|}}{R^1CH=CR^2} \xrightarrow{塩基} R^1\text{-}C\equiv C\text{-}R^2 + HX \qquad (5.13)$$

(4) アセチレンまたは1-アルキンのアルキル化

炭素と結合した金属は容易にアルキル基に置換できることを利用して，アセチリド型の塩をアルキル化する．アセチレンを原料とする場合は，2個の炭素原子に異なったアルキル基を導入することもできる．

$$HC\equiv CH \xrightarrow{NaNH_2} HC\equiv CNa \xrightarrow[(X=ハロゲン)]{R^1X} HC\equiv CR^1$$

$$\xrightarrow{NaNH_2} NaC\equiv CR^1 \xrightarrow[(X=ハロゲン)]{R^2X} R^2C\equiv CR^1$$

(5.14)

【演習問題】

5.1 1-ペンテン-4-イン（5.1節の図を参照のこと）を構成する各炭素原子の混成状態を述べよ．

5.2 シクロヘキシンのような化合物は不安定で合成は難かしい．理由を考えよ．

5.3 プロピンへの臭化水素 HBr の付加反応はマルコウニコフ則に従う．臭化水素が1分子および2分子付加したときの生成物の構造を記せ．

5.4 炭素原子と結合した水素の酸性は炭素原子の混成状態によって変化するといわれている．表5.2をもとにして，3種の混成状態の炭素と結合した水素について，その酸性の大小関係を示せ．

5.5 ナトリウムアセチリド $NaC\equiv CNa$ に無水エタノールを加えたときの反応式を記せ．

6

複数の不飽和結合をもった化合物

　複数の官能基をもった化合物は，官能基どうしがどのような位置にあるかによって，孤立している場合とは異なった現象がみられる．この章では，二重結合が1個の炭素原子において直接接した場合と，単結合を間にはさんだ場合にみられる共役について学ぶ．関連して天然物のテルペンにも触れる．

6.1　アレン（プロパジエン）

　二重結合を2個もった化合物の中で炭素数が最小の炭化水素がアレン（allene）である．アレンは慣用名で，組織名のプロパジエンは，プロパ（炭素数3）＋ジエン（2個の二重結合）という意味である．二重結合の位置はわざわざ示さなくても自明なので普通は略す．この化合物について，① 各炭素原子の混成状態，② 異性体，の2点について考えてみたい．

6.1.1　炭素原子の混成状態

　両端のCH$_2$=型炭素はエチレンと同じsp^{2}混成状態である．問題は2位（中央）の炭素であるが，この炭素は2つの二重結合をつくっている．二重結合を構成するのはσ結合とπ結合であるが，π結合を1つつくるごとに炭素はp軌道を1個提供しなければならない．したがって，2位の炭素は2個のp軌道を提供していることになる．いいかえると，2個のp軌道を混成に使わずに残

6.1 アレン（プロパジエン） 61

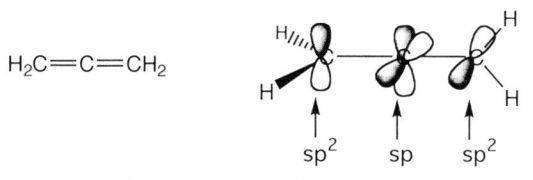

図6.1 アレンの構造と混成状態

していることになる．このような混成はsp混成状態しかない．すなわち，2位の炭素はsp混成状態である（図6.1）．

したがって，3個の炭素は直線上にある．このように，sp混成状態の炭素は三重結合を形成する場合だけではないことに注意してほしい．

6.1.2 異性体

図でわかるように，アレン分子の右側の CH_2 グループと左側の CH_2 グループとは同じ平面上になく，分子は途中で90°ねじれた形になっている．そこで2,3-ペンタジエンのニューマン投影式は図6.2のようになる．

2つの投影式はどこに違いがあるだろうか．じつは一方の構造はもう一方の構造を鏡に映した像という関係にある．しかも，この2つは非常によく似ているが，分子の向きをどのように変えても互いに重ね合わせることはできないという点で，同じ構造ではない．ちょうどわれわれの右と左の手のひらのような関係にある．このような性質をキラリティー，またこのような性質を示すことをキラルであるという．このような関係にある異性体は，融点や沸点をはじめとするほとんどの物理的性質も，化学的性質も同じであるが，ただ1つ，直線偏光（平面偏光ということもある）の振動面を回転する性質にだけ違いがある．この現象は分子が途中で90°ねじれているために起こる現象である．特定

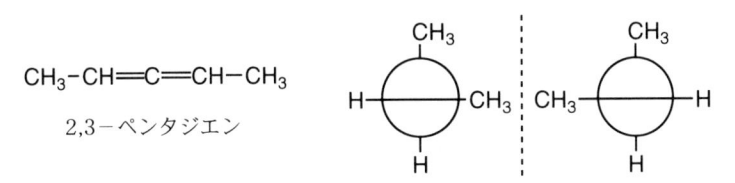

図6.2 2,3-ペンタジエンのニューマン投影式

の原子ではなく（例えば不斉原子の存在）分子自身の構造に原因があるという意味で，この現象を分子不斉ということがある（キラリティーの問題については，第 8 章にあらためて詳しく述べることとする）．

6.2　1, 3-ブタジエン—共役二重結合

ブタジエンの場合は，プロパジエンとは異なって二重結合の位置が異なる異性体が存在するので，その位置を示す必要がある（図 6.3）．二重結合が単結合を間にはさんで隣り合わせになると，単に二重結合を 2 個もった化合物とは異なった新しい性質が現れる．以下に，そのような性質の代表的なものを見ていこう．

6.2.1　1, 4-付加反応

ブタジエンと無水マレイン酸との反応はブタジエンの 1 位と 4 位の炭素が反応して環を形成する．この型の反応は多くの例が知られていて，まとめてディールス-アルダー（Diels-Alder）反応と呼ばれている．

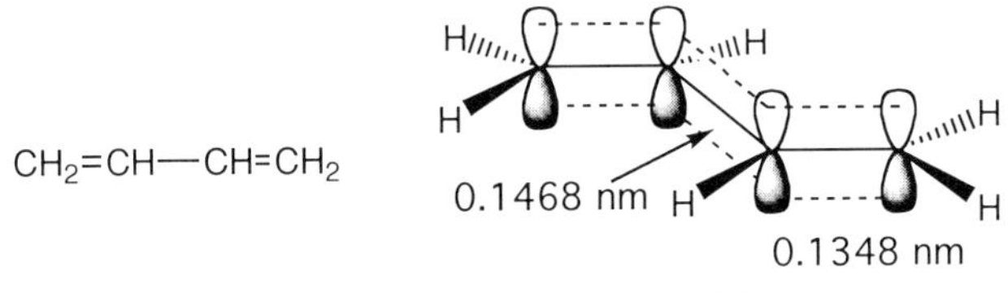

(a)　　　　(b)

図 6.3　1, 3-ブタジエン

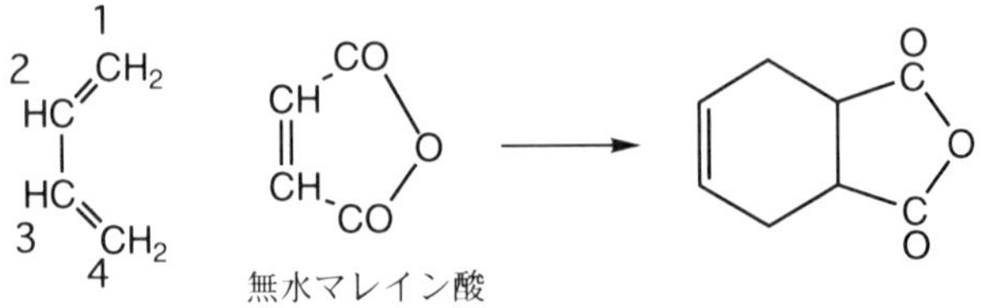

無水マレイン酸

(6.1)

表6.1 ペンテンおよびペンタジエンの水素化熱

		水素化熱 $(-\Delta H^0/\text{kJ mol}^{-1})$
$CH_2=CHCH_2CH_2CH_3$	(1)	126.7
$CH_3CH=CHCH_2CH_3$	(2)	116.6
$CH_2=CHCH_2CH=CH_2$	(3)	253.3
$CH_2=CHCH=CHCH_3$	(4)	226.4

6.2.2 水素化熱

いろいろな位置に二重結合をもったペンテンとペンタジエンの水素化熱を表6.1に示した．第4章でも述べたように，水素化は発熱反応で，二重結合の数が多ければ水素化熱も大きい．

水素化の生成物は共通してペンタンなので，以下のような議論が可能となることに注意してほしい．化合物3は2個の二重結合が隣接していないジエンで，その二重結合の環境は1とよく似ているので，水素化熱も1の2倍に近いと考えられる．事実，$126.7 \times 2 = 253.4 \text{ kJ mol}^{-1}$ となって加成性が成り立ち，3の水素化熱と一致する．同じようにして，もし4の二重結合についても加成性が成り立つならば，その水素加熱は，化合物2の値も参考にして，$126.7+116.6=243.3 \text{ kJ mol}^{-1}$ になるはずだが，測定値は $226.4 \text{ kJ mol}^{-1}$ とかなり低い．これは3と異なって隣接した二重結合間に相互作用があるためである．図4.3と同じように考えれば，4は二重結合の間に相互作用がない架空の状態よりも約 17 kJ mol^{-1} 程度安定であることになる．つまり，このエネルギー差を二重結合が隣接することにより得られた安定化エネルギーとみなすことができる．

6.2.3 電子スペクトル

紫外部から可視部にわたる波長領域には，化合物中の π 電子の励起に相当する吸収が現れる．π 電子状態の変化はこの吸収にも影響がある．

表6.2をみて明らかなように，隣り合う二重結合の数が増すにつれて吸収は長波長側（エネルギーの低い方）に移動する．5個連なったビタミン A_1 のあたりからは濃い溶液だと黄色味がかって見えるようになり，植物色素の β-カ

6. 複数の不飽和結合をもった化合物

表6.2 ポリエン類-$(C=C)_n$-の吸収スペクトル

化合物（nは共役する二重結合数）	吸収波長（nm）
$CH_2=CH_2$ （$n=1$）	162
$CH_2=CH-CH=CH_2$ （$n=2$）	217
$H(CH=CH)_3H$ （$n=3$）	268
$H(CH=CH)_4H$ （$n=4$）	304
ビタミンA_1 [*] （$n=5$）	326
ビタミンA_2 [**] （$n=6$）	360
β-カロテン [***] （$n=11$）	466, 497

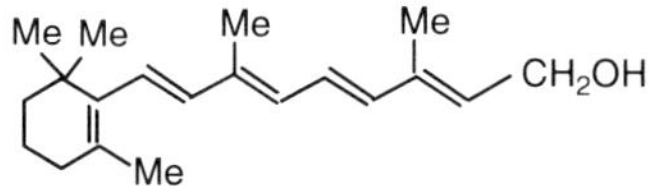

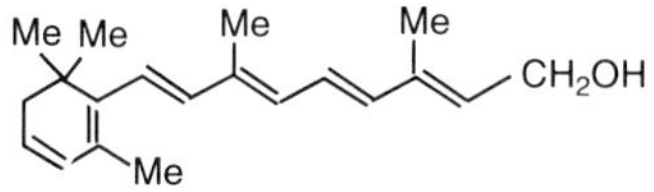

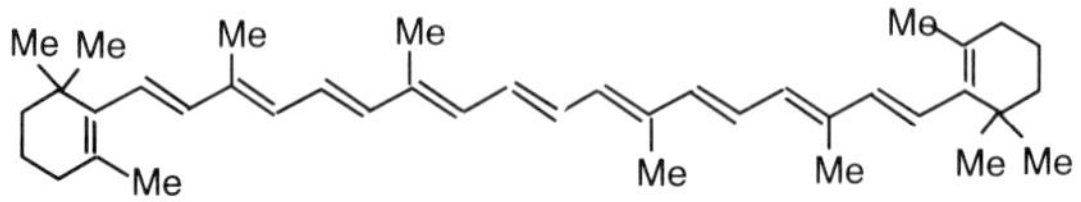

ロテンでは赤色になる．カロテン（カロチンともいう）と総称される天然色素群の発色の原因は，この多数の隣接二重結合系にある．これらの化合物でそれぞれの二重結合が独立していれば，このようなことは起こらないはずであるから，この現象は隣接した二重結合が互いに相互作用して孤立した状態とは異なった新しい電子状態を作り出すことを示している．これはさきにあげた付加反応や水素化熱にもいえることで，この現象を共役（conjugation）と呼び，このような状態にある二重結合を共役二重結合（conjugated double bond）と呼ぶ．

共役という現象は，図6.3(b)を見れば明らかである．2位と3位の炭素原子上のp軌道は対称軸が平行に近ければわずかではあるが互いに重なり合う．中央の単結合の長さがやや短いことも重なり合いには有利に働く．その結果，一方のπ電子の存在確率はこの重なりを通してもう一方の二重結合の領域に

まで広がる（非局在化（delocalization）という）ので，分子全体の π 電子の状態は1個の二重結合だけのときとは大きく変化する．また，この状態の方が，水素化熱の結果からもわかるように，安定である．そこで，4.5.2項で述べた系の安定化則を少し拡張して次のようにいうことができる．

「π 電子系分子でもイオンでも，構造内における π 電子あるいは電荷の分布領域が広がるほど系は安定となる」

この法則では，「安定」という言葉の意味が定性的であいまいであるが，ここでは，反応生成物としてより多くできる，平衡状態でより多い成分となる，水素化熱がより小さい，などの実験結果と結びつけて判断できる現象と考えてほしい．

なお，共役そのものは理論的にも分子軌道法によって裏づけられている．また，π 電子の非局在化が原因であるから，この現象は二重結合だけでなく三重結合があっても可能である．

6.3 テルペン

6.3.1 天然ゴム

ゴムノキの樹液から得られる天然ゴムを空気を絶って加熱すると，慣用名イソプレンと呼ばれる 2-メチル-1,3-ブタジエンが得られる（式 (6.2)）．

$$
\text{天然ゴム} \xrightarrow{\Delta} \text{CH}_2=\underset{\underset{\text{CH}_3}{|}}{\text{C}}-\text{CH}=\text{CH}_2 \quad \text{イソプレン (2-メチル-1,3-ブタジエン)}
$$
(6.2)

さらに天然ゴムの構造を調べてみると，イソプレンが1,4-付加により重合したポリマーであることがわかる．熱反応では重合反応の逆反応（解重合）で，ポリイソプレンがモノマーのイソプレンに分解したことになる．

天然ゴムの構造（図6.4）で興味があるのは，残った2重結合の立体配置が主鎖についてシス形になっていることである．天然ゴムと同様に樹液から得られ，ゴムと同じ組成をもったグッタペルカ（gutta-percha）と呼ばれる化合物があるが，その構造は立体配置がトランスになったイソプレンの1,4-付加

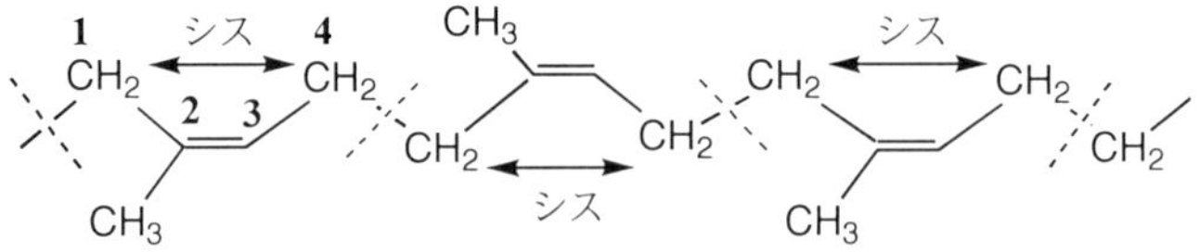

図6.4　天然ゴムの構造

物である．ところがこの化合物にはゴムのような弾性は全くない．このことから，天然ゴムではシス配置が弾性をもつための非常に重要な条件であることがわかる．

　天然ゴムにはモノマー1個について1つの二重結合が残っている．すなわち，ゴムは不飽和炭化水素に属する化合物で，二重結合特有の反応であるハロゲン，ハロゲン化水素，オゾンなどの付加を受ける．実際に，天然ゴムでできたゴム管がハロゲンやハロゲン化水素に短時間触れると，柔軟性を失って固くなり最期にはぼろぼろに砕けてしまう．また，天然ゴムが長時間空気にさらされると徐々にもろくなってくるのは，空中に微量に含まれるオゾンにより二重結合が反応することが原因の1つになっていると思われる．

6.3.2　合成ゴム

　ゴムノキは熱帯でしか育たない．したがって，日本も含めて多くの国では天然ゴムは輸入品である．ところが，世界的規模で戦争が起こると海路を封鎖されて輸入が不可能になる国が出てくる．第一次世界大戦のときのドイツがまさにこの状態であった．そのため合成ゴムの研究はまずドイツで始まった．現在も生産されているスチレン-ブタジエンゴム（styrene-butadiene rubber；SBRゴム，ブナSなどともいう）は名前の通りスチレンとブタジエンを共重合させたものである．アメリカではナイロンを発明したカロザースが2-クロロ-1,3-ブタジエン（慣用名クロロプレン）の重合による合成ゴム（ネオプレン，クロロプレンゴムともいう）を開発した．クロロプレンはイソプレンのメチル基を塩素に置換した化合物である．このことによってネオプレンには天然ゴムにはない性質が加わった．その1つは，炭化水素に対する耐性である．天然ゴムは炭化水素であるため，ガソリンや灯油のような炭化水素系の液体をゴム管に通すと，液体分子がゴム分子の鎖の間にどんどん入り込んで膨らみ，つ

いには溶かしてしまう．塩素原子が入ると，C-Cl 結合には極性があるためそのような炭化水素との親和性は減少し，ネオプレンゴムでつくった管は石油でも通すことができる．もう1つ，二重結合の炭素原子に電気陰性度の大きな塩素が結合したことで，二重結合の反応性はかなり低下する．そのため付加反応が起こりにくくなり，耐久性が増した．

$$\begin{array}{c} \text{CH}_3 \\ | \\ \text{CH}_2=\text{C}-\text{CH}=\text{CH}_2 \end{array}$$　　イソプレン
（2-メチル-1,3-ブタジエン）

$$\begin{array}{c} \text{Cl} \\ | \\ \text{CH}_2=\text{C}-\text{CH}=\text{CH}_2 \end{array}$$　　クロロプレン
（2-クロロ-1,3-ブタジエン）

このような合成ゴムの開発と並んで，天然ゴムを工業的に合成することも行われている．すなわち，イソプレンを原料として適当な触媒を用いて重合を行うと，シス配置の主鎖をもったポリイソプレンが得られる．

なお，天然ゴムでもほとんどの合成ゴムでも，ポリマーそのものではゴムとして必ずしも実用にならない．弾力に富み耐久性のあるゴムにするには，加硫という操作を行う．これはゴムに硫黄を加えて加熱することにより，異なった分子鎖の二重結合間に硫黄を付加させて橋を架ける反応である．ゴムを伸ばしても硫黄で架橋した部分では分子鎖はずれないので，引っ張るのを止めるとゴムはもとの状態に縮むことができる．

6.3.3　イソプレンのオリゴマー

天然ゴムはイソプレンのポリマーであるが，自然界，特に植物には少数のイソプレン分子が重合したかたちの骨格をもった化合物（ポリマーに対してオリゴマーという）が含まれている．このような化合物を総称してイソプレノイド（isoprenoid）あるいはテルペン（terpene）と呼んでいる．テルペンは5の倍数の炭素原子をもつのが特徴で，非常に多くの化合物が知られている．特有の匂いをもったものが多く，ミカン，レモン，オレンジなどのミカン科の植物の芳香の成分はほとんどがテルペンである．したがって，すでに読者のほとんどが鼻では存在を感じとっているはずである．図 6.5 に炭素 10 個のテルペンの例を示す．

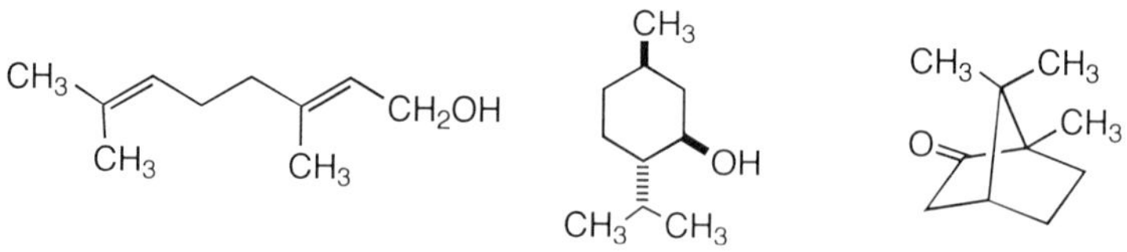

68   6. 複数の不飽和結合をもった化合物

ゲラニオール
（バラの香気成分）

l-メントール
（はっか油の主成分）

d-ショウノウ

図 6.5　C_{10} のテルペンの例

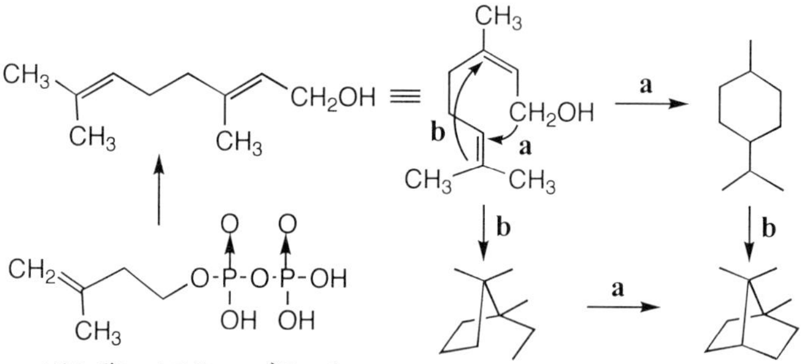

二リン酸3-メチル-3-ブテニル
（3-イソペンテニルピロリン酸）

図 6.6　テルペンの生合性の概略

　ゲラニオール（geraniol）はバラの花弁を蒸留して得られる油の中に含まれている．メントール（menthol）は薄荷（はっか）またはミントとしてよく知られている香料，ショウノウ（camphor）はクスノキから採取される防虫剤である．これらの構造の間には一見あまり関係がないようにみえるが，鎖状のゲラニオールの形を環状に変えて描くと（図 6.6），a の経路で炭素-炭素間に結合ができればメントール型の六員環構造になり，さらに b の経路で炭素-炭素結合ができればショウノウ型の骨格ができることがわかる．また b の次に a という過程もありうる．後はそれぞれの植物がもつ酵素がこれらの基本骨格に何を足したり引いたりするかでその植物特有の化合物ができる．

　テルペンはこのように炭素5個のイソプレンに相当する構造が単位となって構成されているが，植物の体内で実際の合成単位となるのはイソプレンではなくて二リン酸3-メチル-3-ブテニル（3-イソペンテニルピロリン酸ともいう）である（図 6.6）．

【演習問題】

6.1 2,4-ヘキサジエンに存在する異性体の構造を示せ．

6.2 2,3,4-ヘキサトリエンに存在する異性体の構造を示せ．

6.3 1,3-ブタジエンのジエン異性体の名称を記せ．

6.4 表6.1の化合物1～4の名称を記せ．

6.5 メントールとショウノウに含まれるもとのイソプレン単位を図6.4のように結合を点線で切って示せ．

6.6 表6.2に掲げたビタミンAもβ-カロテンもテルペンの一種である．含まれるイソプレン単位を示せ．

6.7 天然ゴムでは図6.4で示したように二重結合の立体配置はシス形である．第4章で述べたように，トランス形ではなくシス形が実現しやすい原因は考えられるか．

7

芳香族炭化水素

 この章では芳香族性と呼ばれる性質をもった炭化水素について述べる．またそれに関連して，共鳴という概念を紹介し，さらに共鳴構造の意味や書き方にも触れる．

7.1 芳香族炭化水素の名称

 本来は芳香族炭化水素という言葉の定義から始めるべきだと思うが，実はこの定義は非常に難しい．ひとことでいえば，芳香族性をもった炭化水素ということになるが，芳香族性という性質は非常に定義がしにくいのである．少し正確さを増すようにすると，言葉だけでは不十分で，どうしても理論計算からの視点が必要になるからである．しばらくは，どのような定義に従っても芳香族性があると認められる化合物を中心に話を進め，芳香族性についてはその後で考えることにしたい．

7.1.1 芳香族炭化水素

 代表的な芳香族炭化水素の構造と名称を表7.1に示した．
 名称に統一性がないことからわかるように，主要な芳香族炭化水素にはほとんど慣用名が使われる．例えば，ベンゼンの水素をメチル基で置換した化合物の組織名はメチルベンゼンであるが，実際に使われるのは慣用名であるトルエ

7.1 芳香族炭化水素の名称

表7.1 代表的な芳香族炭化水素

構造式	名称	
(ベンゼン環)	ベンゼン	benzene
(ベンゼン環-CH₃)	トルエン	toluene
(ベンゼン環-CH₃,CH₃)	キシレン	xylene
(ビフェニル構造)	ビフェニル	biphenyl
(ナフタレン構造)	ナフタレン	naphthalene
(アントラセン構造)	アントラセン	anthracene
(フェナントレン構造)	フェナントレン	phenanthrene

ンの方である．キシレンにしても組織名のジメチルベンゼンはほとんど使われない．しかもこれらの慣用名は組織名のかわりに用いることが命名法でも認められている．したがって，これらの名称はおぼえるしかない．なお，芳香族炭化水素を総称してアレーン（arene）と呼ぶ．

　ナフタレン以下に並んだ環の数が複数の化合物（多環芳香族という）では，炭素原子の位置番号は決まっている．しかしその番号のふり方は統一がとれているとはいいがたいのでややこしい．ナフタレンの番号のふりかたは容易に納得できるが，アントラセンになるとなぜまん中の環の炭素が後まわしになるのか理解しにくい．しかし，慣用名も位置番号も無理におぼえなければならないものではない．おぼえる必要があれば，繰り返し見ているうちに自然に頭の中に入ってくるものである．

7.1.2 炭化水素基

芳香族炭化水素から水素原子を1個取り去った基の名称も，もとの炭化水素名からは推測しにくい慣用名があるので要注意である．

C_6H_6　ベンゼン　⟶　C_6H_5　フェニル（phenyl；略号 Ph）

$C_6H_5CH_3$　トルエン　⟶　$C_6H_5CH_2$　ベンジル（benzyl）

　　　　　　　　　　　　$CH_3C_6H_5$　トリル（tolyl）

$C_{10}H_8$　ナフタレン　⟶　$C_{10}H_7$　ナフチル（naphthyl）

ベンゼンに由来する基の名称はフェニルである．この基名はフェノール C_6H_5OH と同系統のものである．略号の Ph は構造式中でよく使われるのでおぼえておきたい（まれに，ϕ という記号を使う人もいる）．トルエンに由来する基にもとの位置の水素が取れるかによってベンジルとトリル（これには，さらに o-，m-および p-トリルの3種がある）に分かれる．また，ナフチルにも 1-ナフチルと 2-ナフチルがある．なお，芳香族炭化水素の総称アレーンをもとに，芳香環に由来する基を総称してアリール（aryl；略号 Ar）と呼ぶ．この略号は，構造式において脂肪族の炭化水素基（略号 R）と対照して芳香族の炭化水素基を示したいときに用いられる．

7.1.3 異性体

ベンゼン誘導体の場合について述べておく．ベンゼンに2個の置換基が入った誘導体には，下記のように3種の異性体が存在し，オルト，メタ，パラという接頭語をつけて区別する．置換基の数が3個以上になると，位置番号を置換基名の前につけて命名する．

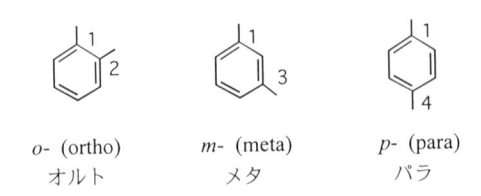

o- (ortho)　　m- (meta)　　p- (para)
オルト　　　　メタ　　　　　パラ

7.2 ベンゼンの電子構造

　ベンゼン環を構成する炭素原子の混成状態は二重結合にかかわる炭素と同じsp^2混成である．しかし，ベンゼンの構造にはアルケンの二重結合を3個もった化合物とはみなせない特徴がいくつかある．
　① すべての炭素-炭素結合が等距離で，その値は0.1395 nmである．単結合と二重結合の区別がない．
　② 水素化熱は205.3 kJ mol^{-1}で，シクロヘキセンの二重結合3個分の水素化熱 $118.6×3=355.8$ kJ mol^{-1} よりもかなり小さい（式(7.1)）．

$$\text{C}_6\text{H}_6 + 3\text{H}_2 \xrightarrow[\text{触媒}]{\text{高温・高圧}} \text{C}_6\text{H}_{12} \qquad \Delta H = -205.3 \text{ kJmol}^{-1}$$
$$\text{C}_6\text{H}_{10} + \text{H}_2 \xrightarrow{\text{触媒}} \text{C}_6\text{H}_{12} \qquad \Delta H = -118.6 \text{ kJmol}^{-1} \tag{7.1}$$

　③ 二重結合にみられる付加反応は穏やかな条件では起こらない．
　②の水素化も高温高圧下，触媒の存在ではじめて起こる．穏やかな条件下で起こる反応は置換反応である．ニトロ化（式(7.2)），臭素化（式(7.3)）などがその例である．

$$\text{C}_6\text{H}_6 + \text{HNO}_3 \xrightarrow{\text{H}_2\text{SO}_4} \text{C}_6\text{H}_5\text{NO}_2 + \text{H}_2\text{O} \tag{7.2}$$

$$\text{C}_6\text{H}_6 + \text{Br}_2 \xrightarrow{\text{鉄粉}} \text{C}_6\text{H}_5\text{Br} + \text{HBr} \tag{7.3}$$

　①で指摘した結合距離は，5.2節でも述べたように，単結合にも二重結合にもあてはまらない中間の値で，ベンゼンが単結合と二重結合を交互にもつ環構造とすれば明らかに異常である．②の水素化熱は，6.2.2項で論じたように二重結合が隣接することによる共役の効果が著しく現れたと解釈できる．特に環構造であること（環状共役系であること）がその効果をいっそう高めていて，ベンゼン環は著しく安定な構造であることを示唆している．これらの事実を踏まえ，さらに理論的な考察も加えて，現在われわれはベンゼンの電子状態を次

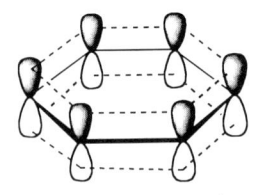

図 7.1 ベンゼン環 π 電子の非局在化

のように考えている．

　第6章で紹介したブタジエンにおける共役という現象は，隣接した二重結合間の π 電子の非局在化であったが，ベンゼンでは環になっているため，どの二重結合も2つの二重結合と隣接している．ベンゼン環の構造を π 電子を提供できる p 軌道を各炭素上に残して書いてみると（図7.1），6個の p 軌道は互いに軸を平行にして6角形を形成する．ここで，どの p 軌道も両側の p 軌道と同程度に重なり合うかたちで結合をつくると，どの炭素原子間にも同じように，単結合と二重結合の中間の結合ができる．この結合の特徴は，結合エネルギーは孤立した二重結合よりも弱いが，すべての炭素間に同等の π 結合ができるため，π 電子の分布領域が分子全体に広がっていることである．すなわち，どの π 電子も6個の環炭素原子のそれぞれの上に存在する確率は6分の1ずつである．

　第6章でも述べたように，電子が2つ以上の結合に関与する（電子の存在確率がその結合を形成する原子間だけでなく他原子上にまで広がる）ことを，非局在化する（delocalize）という．炭素-炭素間には二重結合よりも弱い結合しかできないのに，モデル化合物と比べて水素化熱の差が大きいのは，非局在化が系の安定化に大きな効果をもたらすことを示している．この現象も，第6章で述べた安定化の法則に該当する例であるが，この法則を非局在化という語を使っていいかえると，

　　「電子の非局在化が起こるとその系はより安定になる」

と表現できる．

　このことから，③の置換反応が付加反応よりも優先するのは，付加によって安定な環状の共役系が破壊されるよりも，保持したままの反応経路がより容

易に起こる（活性化エネルギーが低い）ためと解釈できる．だから，高温高圧下の水素化のように，反応条件を激しくしなければ付加反応は起こらない．

7.3 共　　鳴

7.3.1 共鳴と共鳴構造

　π電子が完全に非局在化したベンゼンの電子状態を，われわれが日常使っている構造式で表現するのは難しい．そこで特別な意味をもった記号が必要になる．例えば図7.2(a)のように，二重結合を交互に書く代わりに円を書くやり方はよく使われる．一方，共鳴（resonance）という方法は，原子価結合法という理論にもとづく考え方であるが，われわれが普段使う化学構造式をもとにする．しかも適用範囲が広いので有機化学では欠くことのできない方法として使われている．

　ベンゼンを例にして，共鳴の考え方を説明しよう．ベンゼンにおけるπ電子の状態を表現するのに，共鳴法では図7.2(b)のように二重結合の位置の異なった2つのベンゼン（ケクレ（Kekule）型の共鳴構造という）を両端に頭をもった矢印で結ぶ．ここでは，2つという数は問題ではなく，二重結合の位置が異なった構造であることが重要である．どちらかの構造を60°回転すると同じ構造になるが，炭素の位置を動かさないという条件で，異なった構造を書く．図に示したように，炭素原子に番号をふって比べれば，回転や反転のような操作に関係なく，一方は炭素1-2間が二重結合なら他方は単結合という，「異なった構造」になっている．

　このように二重結合の位置の異なった構造を書き出したうえで，真の構造はそれらの構造を平均したもの（ベンゼンの場合は2つのケクレ構造を足して2

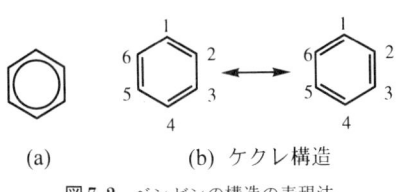

図7.2　ベンゼンの構造の表現法

で割ったもの）と考える．この2つの構造のことを共鳴構造（resonance structure）または極限構造（cannonical structure）と呼び，真のベンゼンはこの2つの構造の共鳴混成体（resonance hybrid）であるという．ここで重要なのは，共鳴構造は実在する構造ではない，ということである．あくまでも，本当の構造を導き出すためのものにすぎない．その意味も込めて，2つの構造を結ぶ記号は↔を使い，決して平衡を表す記号⇄を使ってはならない（平衡は実在する化合物に使う記号）．われわれが普段使っているベンゼンの構造式は，この共鳴構造の1つである．

共鳴という考えを適用するときには，守らなければならないいくつかの約束がある．それらのうち，特に重要なものを以下にあげておく．

① 共鳴構造間で原子の位置を移動させてはならない．

上でも指摘したように，回転のような操作だけでなく，1個でも原子の位置をずらすようなこともしてはならない．したがって，ベンゼンの共鳴構造を厳密に書くと，正6角形でありながら単結合と二重結合を交互にもったものになる．この2つの結合は本来長さが違うはずであることからみても，共鳴構造が実在しないことは明らかであろう．

② 共鳴構造が多数あるときは，安定なものほど寄与が大きい．

共鳴構造を平均化することによって真の構造のイメージが頭に浮かんでくるが，どんな共鳴構造でも単純に平均化すればよいというものではない．構造によって，重要なものとそうでないものがあり，平均化の際には重要度に応じて重率を掛ける．もっともこれは定性的な話で，平均化の重率を数値として考えるわけではなく，どの構造を重視して考えればよいか，という程度の問題である．では何を基準に安定性を判断したらよいか．例えば，ベンゼンには図7.2(b)のケクレ構造のほかに，図7.3に示したデュワー型の構造や，π電子が二重結合の一方に偏って正負の電荷をもった炭素原子が生じたような構造も，

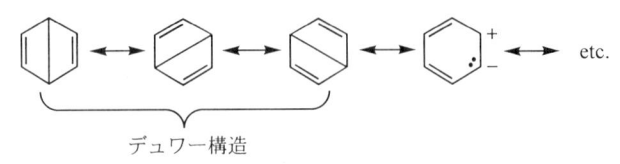

図7.3　ケクレ構造以外のベンゼンの共鳴構造

共鳴構造としては可能である．

　しかしデュワー構造には結合距離の長い結合（C–C間距離が0.14 nmとすると，こちらは0.28 nmとなるので，結合はほとんどないといった方が正確である）が含まれていて，ケクレ構造よりも不安定である．右端の正負の電荷に分かれた構造は，書こうと思えばいくらでも書けるが，非常に不安定な構造であることは明らかである．このようなことから，安定な程度を判断する基準として，次の2つをあげておく．

　i) 共有結合の数が多い共鳴構造の方が安定である．

　ii) 電荷をもった構造の場合は，正電荷は電気陰性度（表1.1参照）の小さな原子上に，負電荷は電気陰性度の大きな原子上にある構造の方が安定である．

　ii) に該当するような構造はこれまで出てこなかったが，例をあげれば，カルボニル基C=OではC$^+$–O$^-$の方がC$^-$–O$^+$よりも寄与が大きい．ただし，ii) の基準があるにもかかわらず，あえて不安定な構造をもち出すことも少なくない．

　③ 類似の化合物間では，安定な共鳴構造の数が多いものが安定である．

　これは約束というよりも，共鳴から導きだされる結論である．ここでは「類似の」という点が重要であって，例えば，ベンゼンとナフタレンの共鳴構造の数を比べても無意味である．

有機化学で「共鳴」とは？

　共鳴といえば，物理の波動・振動で使う用語である．構造が振動するわけでもないのにこのような用語が登場するのは，原子価結合法という方法に理由がある．この方法では，対象となる化合物の電子状態を表すのに，可能な電子配置（ベンゼンでいえば，2つのケクレ構造，3つのデュワー構造，など）に対応する波動関数の1次結合によって近似する．すなわち，

$$\Psi = a\varphi_1 + b\varphi_2 + c\varphi_3 + d\varphi_4 + \cdots$$

ここで$\varphi_1, \varphi_2\cdots$は各電子配置を表す波動関数（その内容がどんなものかはここでは問題ではない）で，この式は波動（関数）を重ね合わせる形になっている．しかも重ね合わせによって，新しい（より真の電子状態に近い，エネルギーの低い）状態が出現するので，これを物理現象になぞらえて共鳴という言葉が使われ

78　7．芳香族炭化水素

> たと思われる．右辺の $a, b, c, \cdots$ は定数で，その値が大きなものほど共鳴に対する寄与が大きい．さきに，「共鳴構造に重率を掛けて平均化する」と表現したが，この重率に相当するものがこれらの定数である．したがって，ケクレ構造に対応する波動関数の定数はデュワー構造のものよりも大きい．

7.3.2　共鳴の効用と限界

　これまでの話からは，共鳴は単にすでによく知られている現象を説明するための方法と受け取られそうだが，必ずしもそうではない．ナフタレンを例にして，このことを示そう．まずベンゼンにならってナフタレンの共鳴構造を書いてみよう．

　二重結合の位置に違いのある構造は3種ある．ところがベンゼンと異なって，これらを平均化すると炭素-炭素結合は必ずしも等価にはならない．1と2（同様に3と4, 5と6, 7と8も）の結合は，両端の共鳴構造で二重結合があるが，残りの結合が二重結合になるのは1種しかない．すなわち，二重結合の性質の大きな結合と小さな結合が（二重結合性が 2/3, 1/3, のように表現する）混在する．もし共鳴による表現が正しければ，結合距離にも対応する現象が認められるはずである．実際に，結晶解析で得られた値は二重結合性 2/3 の結合距離が 0.1377 nm と二重結合にかなり近い値であり，一方二重結合性 1/3 の結合は 0.142 nm 前後と，明らかに差がある（図7.4参照）．ナフタレンの構造を6角形の中に円を置くように書いたのではこのようなことはわからない．共鳴構造を書いてこそ，ナフタレンの構造が単純に正6角形を2つ合わせたような構造ではないことが理解できるのである．

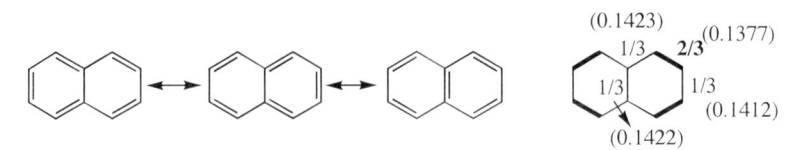

図7.4　ナフタレンの共鳴構造
数値は二重結合性．カッコ内は結合距離/nm．

7.4 芳香族性　79

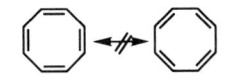

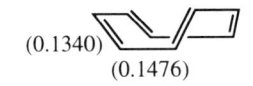

シクロブタジエン　　シクロオクタテトラエン　　浴槽形（結合距離nm）

(0.1340)
(0.1476)

図7.5　シクロブタジエンとシクロオクタテトラエンの共鳴構造

　共鳴構造にはこのような利点もあるが，一方で欠点もある．それは，共鳴構造が書けるからといって，その構造が必ずしも安定とは限らないことである．典型的な例は，図7.5に示した2つの化合物である．
　シクロブタジエンもシクロオクタテトラエンも図のように共鳴構造は書ける．しかし，シクロブタジエンは非常に不安定な化合物で，いまだ室温では単離されていないし，シクロオクタテトラエンは二重結合と単結合を交互にもった化合物で，反応も付加反応を行う．構造も平面上にすべての炭素原子があるのではなく，浴槽形と呼ばれる平面からはずれた構造（図7.5）をとっていて，結合距離もブタジエン（図6.3）とほとんど変わらない．理論的にも，これらの化合物は π 電子の非局在化が起こらない方が安定という結論が出ている．このように，共鳴構造が書けることはただちに安定な系には結びつかない．分子軌道法のような理論的な考察がぜひとも必要になる．理論的な問題については残念ながら紙数の都合もありここでは述べないが，分子軌道法の簡単な入門書でも必ずこの問題は扱っているので，興味があればぜひ一読することを勧めたい．

7.4　芳香族性

　有機化学の初期に単離された芳香をもった化合物の多くがベンゼン環をもっていたことから，この種の化合物を芳香族化合物と呼ぶようになった．芳香族（aromatic）という言葉はこれに由来する．現在では，芳香という性質とは無関係に，ベンゼンやナフタレンのもっている際立った安定性や反応性を芳香族性（aromaticity）と呼び，芳香族性をもった化合物を芳香族化合物（aromatic compound）と呼んでいる．
　芳香族性について，もう少し詳しく検討してみたい．芳香族性として最初に

7. 芳香族炭化水素

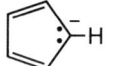

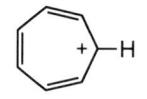

| シクロプロペニル
カチオン | シクロペンタジエニド
イオン | シクロヘプタトリエニル
カチオン |

図7.6　芳香族性をもったイオンの例

注目されたのは反応性である．不飽和な結合が存在するはずなのに，付加反応ではなく置換反応が優先することは，ベンゼンのような芳香族化合物の際立った特徴である．しかし，その原因がπ電子の非局在化によることがわかってくると，定義の中心は反応性から電子状態に移ってきた．その最も大きな理由は反応性という概念の定量化が難しく，芳香族性の有無の判定に使いにくいためである．それに対して，非局在化は，結合距離が測定できれば容易に判定できる．もちろん，結合距離が判定しにくい領域に入ることもありうるが，その場合はなぜ判定しにくいか，根拠を数値で示すことができる．しかし，どんな化合物でも結合距離が測定できるわけではない．結晶解析を行うためには固体状態で得られることが必要であるが，固体になりにくいものや，よい結晶をつくらないものもある．この点を補う，というよりもむしろ新たな判断基準として使われているのは，核磁気共鳴（NMR）法による，環炭素と結合した水素核のシグナル位置を使う方法である．これは，非局在化の起こっている化合物に磁場をかけると，環に磁場を打ち消す方向に電流が流れる（磁場とコイルの関係と同じ現象である）ことによって生じる現象を利用している．こうなると，反応性も安定性も判断の基準からは外れてしまう．もちろん，それらの基準で芳香族性があると判断された化合物はNMR法によっても芳香族性はある．NMR法では溶液中でも測定が可能であり，時間もかからない．これは単純に判断の方法にとどまらず，芳香族性という概念を質的に変革する役割を果たしたといってよい．現在の定義では，中性の化合物だけでなく，図7.6に示したようなイオンも芳香族性をもっている．

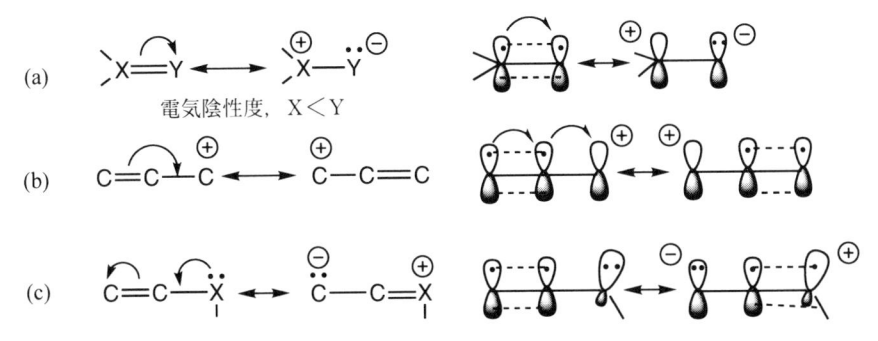

図 7.7 簡単な共鳴構造の例
両羽根，片羽根の意味については本文参照．

7.5 共鳴構造の書き方

　ベンゼンやナフタレンのように二重結合の位置を変えるだけならば共鳴構造を書くのも簡単であるが，環をつくっていない二重結合自身，あるいは電荷や非共有電子対を含む場合はちょっとした慣れが必要である．図7.7の式で説明しよう．左側がわれわれが普通に使う共鳴構造，右側はそれを p 軌道を使って図解したものである．左側では両羽根の矢印でどのように2個の電子が移動（共有結合の位置が動くので）して次の共鳴構造に達するかを示すのに対して，右側では片羽根の矢印を使い1個の電子の移動が続いて起これば新しい共鳴構造に到達することを示している．もちろん，これは構造の書き方からくる違いであって，本質的な問題ではない．

　(a) は，単純な二重結合であるが，原子 X と Y の電気陰性度に違いがあるため結合が分極する場合で，π 電子は σ 電子よりも容易に動くので二重結合における分極の程度は大きい．共有結合が1個減るので電荷の分離した構造の寄与は必ずしも大きくない．

　(b) は，二重結合に隣接した炭素原子に正電荷がある場合で，このような炭素には空の p 軌道がある．これが二重結合を形成する p 軌道と対称軸を平行にして並ぶと，軌道の重なりを通して正電荷は左端の炭素原子上にも分布する．この場合，正電荷はまん中の炭素上には来ない．このことは実際の反応で

も確かめられている．正電荷の代わりに，負電荷あるいは不対電子（ラジカル）がある場合も同様にして共鳴構造を書くことができる．

(c) は，中性の分子で二重結合に隣接する原子 X が非共有電子対をもっている場合である．非共有電子対の属する軌道関数は p 軌道，あるいは sp^3 混成に近いこともあるが，式に示したように非共有電子対はある程度二重結合の炭素原子上にまで広がることができる．この場合は，共鳴構造で電荷が正負に分離するので寄与はあまり大きくない．しかし，このような寄与を考えると説明が容易になる現象や反応が，これから後頻繁に登場する．

7.6 ベンジルカチオンとベンジルアニオン

4.5.2 項で述べたように，カルボカチオンは正電荷をもつ炭素原子に結合する基によって安定性が異なる．フェニル基が結合した場合はどうなるであろうか．ベンジル基 $PhCH_2$ のカチオンとアニオンについて，図 7.7 に示した共鳴構造の書き方を参考にしながらこの問題を検討してみよう．

ベンジルカチオンの共鳴構造を考える場合，ベンゼン環が二重結合を 3 個もった系であり，図 7.7(b) にさらに 2 個の二重結合をつけ加えた構造とみなせ

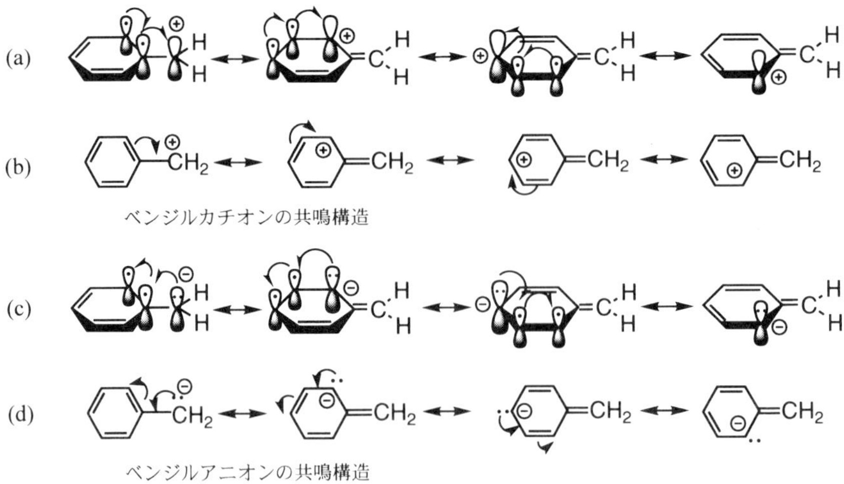

図 7.8 ベンジルカチオンとベンジルアニオンの共鳴構造

ばよい．図 7.7(b) にならって共鳴構造を書いてみると，新たに正電荷をもった炭素原子の隣に二重結合があるので，正電荷がさらに先まで移動した共鳴構造が書ける．図 7.8(a) は共鳴構造を書き進めてゆくうえでの電子の移動を具体的に示し，(b) は通常の書き方を示したものである．このようにして，全部で 4 個の共鳴構造が書ける．この結果の示すことは明らかで，正電荷はフェニル基が置換することによって分布領域が大きく拡大する（正電荷の著しい非局在化が起こる）．すなわち，カチオンは安定である．ベンジルカチオンは第 1 級のカルボカチオンであるが，単純な第 1 級アルキルカチオンとは比べものにならないほど安定であることが想像できるし，事実そのとおりである．

カチオンの話が出たついでにアニオンのについても考えてみよう．これも図 7.7(c) を参考にすれば，図 7.8 の (c) あるいは (d) のように書ける．この場合も負電荷は著しい非局在化を受けて安定となることがわかる．このように二重結合やベンゼン環のような π 電子系は正電荷も負電荷も受け入れて非局在化させることができる．例えていえば，ベンゼン環は電子の調整池で，結合する相手の電子が不足か過剰かによって，電子を供給あるいは受け入れる役割を果たしている．この点で，電子を押し出して正電荷を安定化する効果しかないアルキル基とは大きく異なる．

7.7 芳香族炭化水素の合成

(1) コールタール，石油から

芳香族炭化水素は，かつては石炭の乾留で生じるコールタールを分留することによって得られた．しかし需要が増大した現在では石油が主原料である．原油にも芳香族炭化水素は含まれているが，最も需要が高いベンゼン系炭化水素（ベンゼン，トルエン，キシレンなどで，英語の頭文字をとって BTX と略すことがある）は，石油の低沸点留分のうちナフサと呼ばれる成分を接触改質法（アルカンの脱水素環化，シクロアルカンの脱水素や異性化・脱水素，などが起こる）で処理して得られる．

(2) ベンゼンのアルキル化（フリーデル-クラフツアルキル化）

ベンゼンあるいはその誘導体に塩化アルミニウムとハロゲン化アルキルを作

用させるとアルキルベンゼンが生成する（式 (7.4)）．Friedel と Crafts によって開発された反応で，一般にフリーデル-クラフツ反応と呼ばれている（この反応にはここで述べるアルキル化のほかに，第 10 章で紹介するアシル化もある）．ベンゼン誘導体が液体ならば自身を溶媒としても用いることができる．反応は，2 つの試薬から $R^+AlCl_3X^-$ のような錯体が生じ，そのカルボカチオン部分 R^+ がベンゼン環に置換反応を起こす，という経路で進行する．カチオンというルイス酸が，π 電子の豊富なベンゼン環という塩基を攻撃する酸・塩基反応という見かたもできる．この反応は工業的にも利用されているが，塩化アルミニウム錯体以外に，アルケン（これも石油精製で得られる）にプロトンを付加させてカルボカチオンを発生させる方法も使われている（式 (7.5)）．

$$\text{C}_6\text{H}_6 + \text{R-X} + \text{AlCl}_3 \longrightarrow \text{C}_6\text{H}_5\text{-R} + \text{HAlCl}_3\text{X} \tag{7.4}$$

$$\text{C}_6\text{H}_6 + \text{CH}_2=\text{CH-CH}_3 \xrightarrow{\text{H}^+} \text{C}_6\text{H}_5\text{CH(CH}_3\text{)}_2 \quad \text{クメン} \tag{7.5}$$

(3) 脂環式炭化水素の脱水素

水素化触媒として用いる白金，パラジウムのような金属，あるいは硫黄，セレンなどとベンゼン系芳香族炭化水素の水素付加物に相当する化合物とを加熱すると，脱水素が起こり芳香族に変化する．

$$\text{テトラリン} \xrightarrow[\text{脱水素触媒}]{-2\text{H}_2} \text{ナフタレン} \tag{7.6}$$

硫黄またはセレンを使うと硫化水素またはセレン化水素が発生する．

【演習問題】

7.1 フェナントレン（表 7.1）のケクレ型共鳴構造式を書け（全部で 5 個ある）．フェナントレン $C_{14}H_{10}$ に臭素を作用させると，臭素置換体とともに付加物 $C_{14}H_{10}Br_2$ が少量生成する．共鳴構造から考えて付加の起こる位置を推定せよ．

7.2 図 7.6 に示した 3 種のイオンのそれぞれについて，共鳴構造式を書け．（ヒント：図 7.7(b), (c) を参考にせよ）

7.3 シクロペンタジエン C_5H_6 に溶液中でナトリウムを作用させると、シクロペンタジエニドイオンのナトリウム塩 $C_5H_5^-Na^+$ が生成する。この化合物に重水 D_2O を作用させると、重水素を1個もったシクロペンタジエン C_5H_5D が生じる。もし出発点となったシクロペンタジエンの CH_2 の炭素を同位体 ^{14}C で標識しておいたとしたら、重水素はすべてこの炭素と結合しているであろうか。

7.4 ケクレが提案したベンゼンの構造は共鳴構造ではなく、シクロヘキサトリエン（単結合と二重結合を交互にもった六員環）であった。彼は、ベンゼンで単結合と二重結合の区別がつかないのは、2つの構造が互いに非常に速く移り変わっているためであると説明した。もしこの説明通りのことが起こっているとしたら、共鳴による考えは否定できるだろうか。

7.5 図7.7(b)に示した共鳴構造の書き方を参考にして $CH_2=CHCH_2^-$ および $CH_2=CHCH_2\cdot$（ラジカル）の共鳴構造を記せ。

7.6 式(7.5)でプロピレンにプロトンが付加して生成するカルボカチオンの構造を示せ。この反応で、n-プロピルベンゼンが生成しないのはなぜか。

8

立体化学——鏡像異性

　有機化合物の特徴の1つとして，炭素原子が互いに様々なかたちで結合をつくることができるため，立体的に興味のある現象が生じることがあげられる．その1つはすでに第3章で取り上げた回転異性である．本章ではもう1つの重要な問題，鏡像異性について述べる．この分野ではいろいろな用語が使われるので，それぞれの言葉の定義を正確に把握しておくことが重要である．

8.1　キラリティー

　1個の炭素原子に結合する4個のグループが互いに異なっていると，その構造を鏡に映したときに鏡の中に見える構造とは互いに重ね合わせることができない．図8.1に示した（a）と（b）の構造を見ればこのことは理解できるだろう．

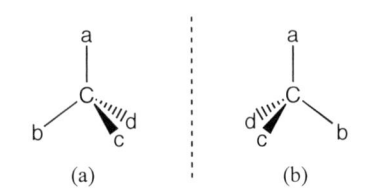

図8.1　鏡像異性体
破線はその左右の構造が実像と鏡像の関係にあることを示す．

このように，鏡の前に置いた構造（実像と呼ぶことにする）と鏡の中の像（鏡像と呼ぶことにする）が重ね合わせられない，すなわち異なった構造（異性体）となる現象を，鏡像異性といい，そのような関係にある2つの構造を鏡像異性体あるいはエナンチオマー（enantiomer）という．また，このような関係は大まかにみてちょうど左右の手のひらの間の関係に相当することから，対掌体（antipode；ただしこの語は現在は使わないことになっている）と呼ぶこともある．さらに，実像と鏡像を重ね合わせることができないという性質をキラリティーと呼び，そのような性質をもっていることをキラルであるという．キラルでないことはアキラルであるという．

　キラルな化合物の特性として，直線偏光（平面偏光ともいう）*の偏光面を回転する性質があるので，鏡像異性（体）のかわりに光学異性（体）という言葉も使われる．関連して，偏光面の回転が観測されるものを光学活性であるという．当然，鏡像異性体はどちらも光学活性である．

*：光の本性は電磁波で，互いに垂直な面内で起こる電場と磁場のベクトルの振動によって表される（マクスウェルの電磁理論）．われわれの目に入ってくる光の電場ベクトルの振動面（磁場も同じ）はあらゆる方向を向いているが，偏光子により単一の平面内で振動する光（直線偏光）のみを取り出すことができる．直線偏光という名称は，光の進行方向に対して垂直な面における振動ベクトルの軌跡が直線になることからつけられた．

　図8.1のa, b, c, dの4個のグループのうちどの2個でも同じものであると，この2つの構造は向きを適当に変えてやれば重ね合わせることができる．すなわちアキラルである．4個が互いに異なっていることがキラルであることの条件である．このような条件を備えた炭素原子を不斉炭素原子とよぶ．しかし，不斉炭素原子（より一般には不斉原子）があればその分子は必ずキラルかというと，必ずしもそうではない．図8.2に示した2個の不斉炭素原子（図中に*を付した）をもった化合物についてこのことを確かめてみよう．

　ジメチルシクロプロパンにはシス体とトランス体の2種の異性体があるが，シス体はアキラルである．一方，トランス体はキラルである．酒石酸と名前のつく化合物は3種あるが，その中でメソ酒石酸と記した化合物の図の構造はアキラルであり，残り2つの構造は，不斉炭素原子に結合するグループはメソ酒石酸とまったく同じであるがキラルである．この2種は互いに実像と鏡像の関

cis-1,2-ジメチルシクロプロパン   trans-1,2-ジメチルシクロプロパン

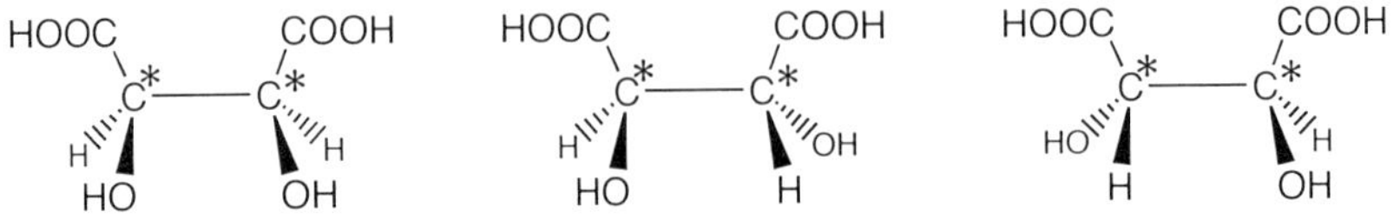

メソ酒石酸   (+)-酒石酸   (-)-酒石酸

図8.2 2個の不斉炭素原子をもった化合物の例

係にあり，旋光性（後述）によって（＋）-または（－）-の記号がつけられている．このように不斉原子が2個あるいはそれ以上になると，アキラルな異性体が出現することがある．ただしそのようなことが起こるのは，この2つの例でわかるように，それぞれの不斉原子に結合する4個のグループが同じ組合せの場合である．このように，不斉原子を1個だけもつ化合物は必ずキラルであるが，複数の不斉原子をもつ場合は必ずしもキラルであるとはいえないことに注意しよう．

8.2 キラルな分子の特性—旋光性

キラルな化合物の特徴は旋光性を示すことである．直線偏光の振動面を回転する旋光という現象そのものは19世紀のはじめにすでに発見されていて，現在ではその強さを比旋光度という数値で表現する．比旋光度とは，偏光面の回転角を，試料の濃度や厚さにより補正したものである（そのため360°を超えることもある）．試料を通った偏光が出てくる側から見て，偏光面を右に回転する性質を右旋性といい，比旋光度には＋符号をつける．右旋性の異性体を（＋）体とよぶ．偏光面を左に回転する性質を左旋性といい，比旋光度には－符号をつける．左旋性の異性体を（－）体とよぶ．この2つの異性体は，かつてはそれぞれ d-体，l-体（d は dextrorotatory（右旋性），l は levorotatory

（左旋性）の略号）といったが，この記号は現在は認められていない．図8.2の酒石酸名も新しい方式にしたがっている．

　鏡像異性体の一方が右旋性であれば，もう一方は必ず左旋性であり，比旋光度の絶対値は等しい．では両方の異性体を等量ずつ含む混合物の旋光度はどうなるだろうか．この場合は旋光度は互いに打ち消しあってゼロとなる．つまり，光学的に不活性である．この混合物のことをラセミ体という．ラセミ体を表すには，化合物名の前に（±）の記号をつけることになっていて，ラセミ体を（±）体という（これもかっては dl-体といった）こともある．ここで重要なことは，ある試料の旋光度がゼロであっても，それがラセミ体でないことを確かめるまでは，その試料に鏡像異性がない（アキラルである）とはいえないということである．

　鏡像異性体は旋光性には違いがあるが，沸点，融点のような他の物理的性質や一般の化学的性質には違いがない*．例えば，図8.2に示した（＋）-酒石酸と（－）-酒石酸の融点はともに170℃であるが，メソ酒石酸の融点は151℃と異なっている．メソ酒石酸がキラルな酒石酸と異なる点は，1つの不斉炭素原子のまわりの3種のグループの空間的な配置だけである．メソ酒石酸と（＋）-あるいは（－）-酒石酸とは鏡像関係にない．このような関係にある異性体をジアステレオマー**という．

　　＊：他のキラルな分子との相互作用や反応では，鏡像異性体間で違いが生じることが多い．酵素が鏡像異性体を区別できるのは酵素自身がキラルであることによる．
　　＊＊：ジアステレオマーの定義は，広い意味では鏡像関係にない異性体すべてを指す．現在はこの定義が用いられている．狭い意味では，酒石酸のような複数の不斉原子をもった化合物において，鏡像異性の関係にない異性体間に用いられる．

8.3　動きうる構造のキラリティー

　少し細かい議論をしよう．1,2-ジクロロエタン $ClCH_2CH_2Cl$ には不斉炭素原子がないのでアキラルである．すでに3.2節で述べたように，このような簡単な構造でも回転異性体が存在する．そこで，回転異性体について鏡像異性体の有無を考えてみよう．

　1,2-ジクロロエタンにはニューマン投影で書くと (a), (b), (c) 3種の回

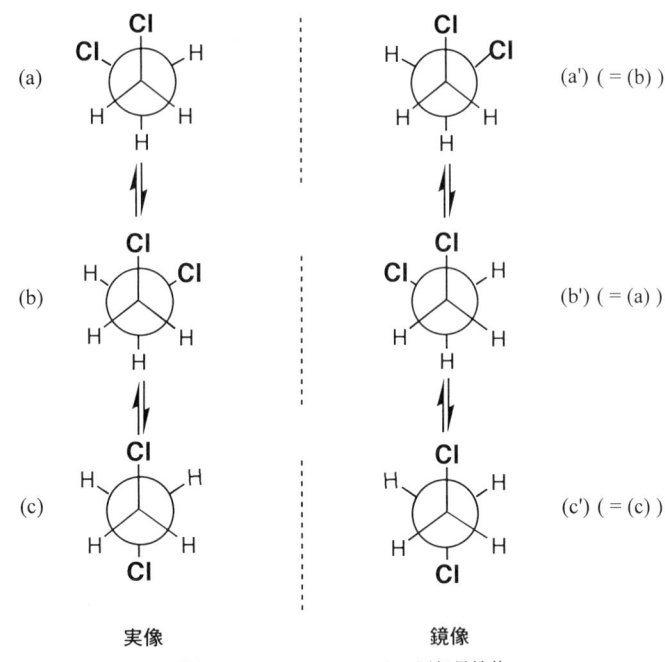

図8.3 1,2-ジクロロエタン回転異性体

転異性体がある（図8.3）．それぞれについて鏡像を書くと（a'），（b'），（c'）ができる．図の中の破線は鏡像をつくる操作を示す．つまり，その左右にある構造は実像と鏡像の関係にある．これらの鏡像のうち，（c）と（c'）は同じものであるから明らかにアキラルであるが，残りの2つは実像と鏡像が一致しないのでキラルである．さきにこの化合物はアキラルだといったのは間違いだろうか．構造をよく見比べてみると，（a'）は（b）と同じものであり，また（b'）は（a）と同じものであることがわかる．つまり，（a）から（b）への異性化は，それらの鏡像体においては（b'）から（a'）への異性化に等しい．

　この回転異性体（a）と（b）における塩素と水素の相対的な位置関係は共通なので，2つの異性体のエネルギーは等しい．したがって，これらの回転異性体は同じ割合で存在するはずで，当然，（a）の鏡像異性体（a'）（=（b））は（a）と，（b）の鏡像異性体（b'）（=（a））は（b）といつも等量存在することになる．（a）も（b）も確かにキラルであるが，ラセミ体となっているの

で，旋光性はない．回転異性体 (c) はもともとアキラルであるから，このような回転異性体の集団は，全体としては旋光性を示さない．さきに，この化合物がアキラルであるといったのは，このような考察をも含めた結論である．この結論には，自明ではあるが，1つ重要な前提条件がある．それは，回転異性体 (a) と (b) が互いに，容易に異性化できることである．

以上のような考察の結論を一般化すると，次のように表現できる．
　「単結合のまわりの回転が自由に起こる限り，旋光性の有無について回転異性体の存在を考慮する必要はない」

別の言い方をすると，ある化合物が光学活性かどうかを判断するには，最も判断しやすい構造（コンホメーション）を使ってよい，ということである．例えば，シクロヘキサンのいす形配座の反転のような異性化の場合にも適用でき（演習問題 8.1 参照），旋光性の有無を判定する場合には，環は平面と仮定してよい．ただし，上記の表現にもあるように，回転（反転）が自由に起こるという条件が保証されていなければならない．

8.4　キラルであるための条件

化合物に対称要素が全くなければキラルであるが，そうでない場合，キラルかどうか判断するには，むしろアキラルとなる条件の有無を探した方が早い．ごくわずかな例外＊を除いて，次の2つの条件のいずれかにあてはまればアキラルである．
① 対称面がある．
② 対称心がある．

対称面の存在はわかりやすい（図 8.2 のジメチルシクロプロパンのシス体やメソ酒石酸はこの例である）．ベンゼンのような平面分子も分子面が対称面なので当然アキラルで，対称面に対して平行に鏡をおいて鏡像をつくり，鏡像をそのまま実像の方に引き出せば，実像と重ね合わせることができる．

　　＊：「わずかな例外」といったのは，もう1つ，「$4n$ 回映軸をもつ」という条件があるからであるが，該当する化合物は非常に少ないので，ここでは詳述しない．

対称心については，*trans*-1,3-ジメチルシクロブタンを例にして説明しよう

(この化合物には対称面もある).この化合物では対称心はシクロブタン環の中心にある.この点とメチル基を結ぶ線を延長すると,もう1つのメチル基に出会う.水素原子についても同じことがいえる.構造式に記してないほかの水素原子すべてにも同じことがあてはまり,対応する原子を互いに交換してできる構造はもとのものと同じになる.このような性質をもつ点を対称心という.図8.3に示した1,2-ジクロロエタンの回転異性体のうち,(c) は対称心をもっているのでアキラルである.

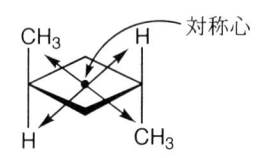

trans-1,3-ジメチルシクロブタン

8.5 絶対配置を表す構造式—フィッシャー投影

有機化合物にキラル,アキラルという問題がつきまとうのは,飽和炭素原子が3次元の立体的な構造をもっているためである.この立体構造を2次元の紙の上で表現するために,これまで結合の記号を工夫したり,ニューマン投影のような方法を用いてきた.そのような工夫の1つとして,さらにフィッシャー (Fischer) 投影と呼ばれている方法を紹介する.

図8.3に示した化合物 (a) を例に説明しよう.まず炭素原子に結合する4個のグループを結んだ正4面体 (b) を考える.この4面体の1つの稜(どれでもよい)が水平方向で手前になるように紙面上に置く.例えば (c) ではグループcとdが左右に並び,aとbを結ぶ稜は垂直になっているが隠れていて見えないので破線で示した.フィッシャー投影ではこのままの4個のグループの配置を (d) のように書いて,この2次元に表示した構造を (a) の立体配置を示すものと約束する.この操作で重要なことは,4面体の稜の1つを必ず水平に,しかも手前にくるように置くということである.この約束に従う限り,どの方向から4面体を眺めてフィッシャー投影を書いても,同じ立体配置に戻ることができる.この書き方からわかるように,180°回転して上下を逆

8.5 絶対配置を表す構造式　93

図8.4 フィッシャー投影式の書き方

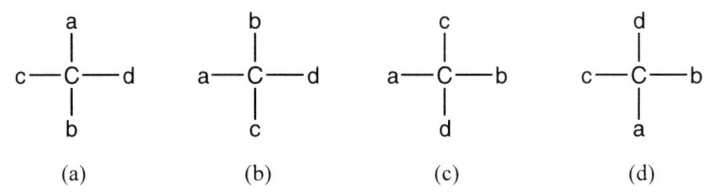

図8.5 図8.4(a)に相当するフィッシャー投影式の一部

さまにした構造も同じ配置に属する．図8.5には (a) と同等なフィッシャー投影式の一部を示した．示されたフィッシャー投影式が同等かどうか判断するには，もとの構造 (a) を再現してみるのが確実である．その際，図8.4の4面体を通る過程を逆にたどる方法もあるが，あるいは (d) に対して (e) の構造をあてはめる方が簡単かもしれない．なお，Fischer 投影式の定義からわかるように，左右の置換基を入れ替えただけでは同等な構造にはならない．

フィッシャー投影を使うと，酒石酸の3種の異性体は図8.6のように表すことができる．これ以外にもいろいろな書き方ができるが，同じ置換基（ここではカルボキシ基）を上端と下端におく書き方が以下に述べるように好都合である．不斉炭素原子が2個あるため，4面体が2個重なった形になっていて，頂点どうしが接触している部分には何かありそうに見えるけれどじつは何もない．ここは炭素-炭素間の結合が通っているだけである．

フィッシャー投影式で見ると，メソ酒石酸には対称面があり，これが旋光性がないことと結びついている．これは平面に投影した構造式であるから，対称心の有無を考えることは意味がない．光学活性な2つの異性体はフィッシャー投影式を書いても実像と鏡像の関係にある．つまり，鏡像異性体の一方のフィッシャー投影式が与えられていれば，もう一方の異性体のフィッシャー投影式はその鏡像になる．

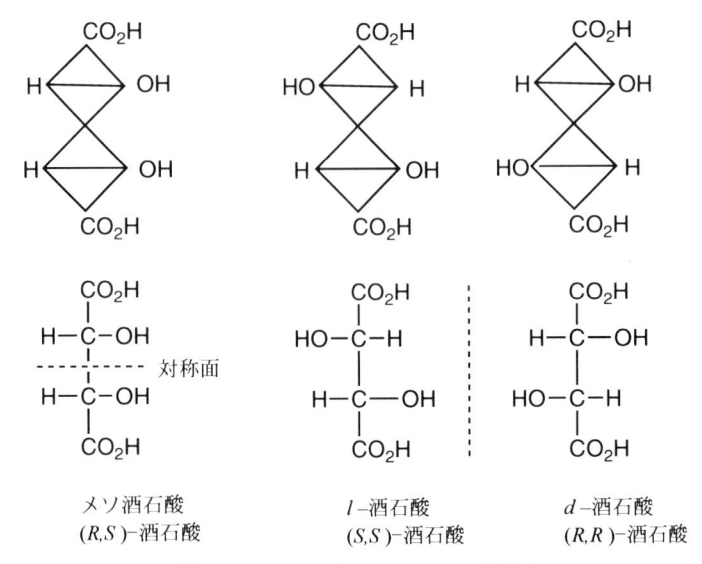

図8.6 3種の酒石酸のフィッシャー投影式

（左）メソ酒石酸 (R,S)-酒石酸 — 対称面あり
（中）l-酒石酸 (S,S)-酒石酸
（右）d-酒石酸 (R,R)-酒石酸

8.6 不斉原子をもたないキラルな化合物

さきに6.1節で述べたように，2,3-ペンタジエンは不斉原子をもたないが，分子がねじれているためにキラルである．分子がねじれているためにはアレン型の構造である必要はない．図8.7の (a) のように，2個の環が1個の炭素原子を共有するかたちの構造（スピロ型）でもキラルである．ただし，キラルであるためにはいずれかの炭素に最低1個の置換基 (X) があればよい．この点が1位と3位に最低2個の置換基を必要とするアレン誘導体と異なる．

これと似たような例として，ビフェニル誘導体がある（図8.7(b)）．この分子は両方のベンゼン環の2と6位にニトロ基とカルボキシ基という「かさ高い」基があって互いにぶつかるため，ベンゼン環を結ぶ単結合のまわりの回転が止まって，ねじれた構造になる．このような状態では，鏡像と実像の関係にある2つの構造は互いに入れ替わることができない．したがって，適当な方法で分離すると，光学活性な化合物として単離できる＊．8.3節で述べた，回転異性を考慮してもアキラルであるための重要な条件である「単結合のまわりの

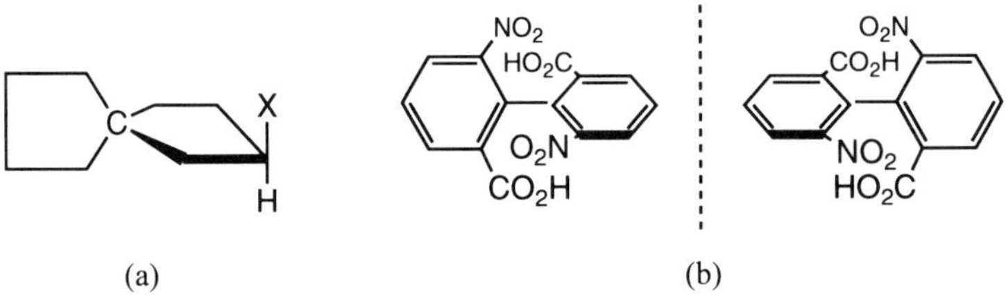

図 8.7　不斉原子のないキラルな化合物の例

自由な回転」がみたされないとこのようことが起こる．

＊：ラセミ体を光学活性な異性体に分離（光学分割という）するにはそれなりの工夫を必要とする．昔から行われている方法は，ラセミ体に別の光学活性な分子 C（天然には多く存在する．例えば，カルボン酸を分割したいときには，塩を形成するアルカロイドがよく使われた）を作用させて，A と B の混合物を A-C と B-C の混合物に変える．こうなると鏡像異性体ではなくジアステレオマーの混合物になり，物理的性質（例えば，溶解度）が異なるので，分離可能となる．このほか，酵素（これもキラルな分子である）を作用させて一方の異性体を分解してしまう方法，キラルな物質（人工の高分子が開発されている）を詰めたクロマトカラムを通す方法なども行われている．

8.7　絶対配置の表示法―R, S 表示

　鏡像異性体は一方が右旋性ならもう一方は必ず左旋性である．ところが，例えばその構造が図 8.1 に示した（a）あるいは（b）のいずれかだとわかっていても，残念ながら右旋性，左旋性だけでは（a）と（b）のどちらであるかを決めることはできない．つまり，（＋）や（－）は構造と直接関係づけられる記号ではない．そこで，不斉炭素に結合する 4 個の置換基の空間的な配置（これを絶対配置という）を表す方法が必要となる．これは，以下に述べるような手順で行われる．

8.7.1　R, S 表示の方法

　(1) まず 4 個の置換基について，下の 8.7.2 項で述べる順位則に従って順位をつける．仮に，順位が ④＜③＜②＜① となったとしよう．

　(2) 不斉原子を，順位の最下位の置換基 ④ が向こう側になる（最も遠くなる）ように眺め，手前にある基を順位の上位の方から ①→②→③ とたどる．

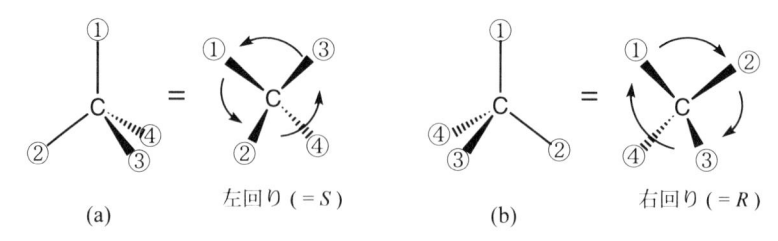

図 8.8　R-S 表示法による絶対配置の表現法

（3）このたどる向きが左回り（反時計回り）ならばその配置を S 配置，右回り（時計回り）なら R 配置，とする．

（4）化合物名に絶対配置を表示するには，化合物名の前に (R)-，(S)-，(R,S)-などの記号を付ける（図 8.6 参照）．不斉原子が多数ある場合は，$(1R, 2S, 3R, \cdots)$-のように，位置番号と記号を併記する．

当然のことであるが，鏡像異性体中の不斉原子は一方が R 配置ならば，もう一方は S 配置である．別の言い方をすると，R 配置構造の鏡像は S 配置となり，その逆も成立する（図 8.6 の酒石酸がよい例である）．

8.7.2　順位則

置換基の順位は一定の規則に従って決める．以下にその一部を記す．

（1）原子番号の大きい原子は小さい原子よりも上位である．

（2）同位体では，質量数の高い原子は低い原子よりも上位である．

（3）各原子の結合数は元素に関係なく 4 とする．不足する場合は相当する数の空（から）の原子（順位は最も下位）と結合しているとする．

（4）二重結合や三重結合は，結合を開いてそれぞれの原子に相手の原子が結合しているとする（式 (8.1)）．こうして新たにつけ加えられた原子をレプリカ原子という．レプリカ原子は真の原子と同じ扱いであるが，真の原子と比べた場合だけ順位は下位になる．

$$-C=CH_2 \Rightarrow -\underset{(C)}{\overset{H}{C}}-\underset{(C)}{CH_2} \qquad -C\equiv N \Rightarrow -\underset{(N)}{\overset{(N)}{C}}-\underset{(C)}{\overset{(C)}{N}} \qquad (8.1)$$

(5) シス配置はトランス配置よりも上位である．

このような規則に従って，まず4個の基が不斉原子に直接結合している原子について順位を決める．もし決まらないものがあれば，それと結合する2番目の原子を比較する．それでも決まらないときは，3番目の原子について比較し，以下決まるまで結合をたどって比較を繰り返す．途中で枝分かれがあるときには，分枝の順位を定め，高い順位の分枝どうしで比較し，それで決着がつかなければ，次々と低い順位の分枝で比較を行う．したがって，エチルと n-プロピルでは2番目の炭素の次の段階で n-プロピルが上位になり，イソプロピルは1番目の炭素が2個のCと結合するので，このどちらよりも上位になる（式(8.2)）．

$$\overset{1}{-CH_2}\overset{2}{-CH_2}\overset{3}{-H} < \overset{1}{-CH_2}\overset{2}{-CH_2}\overset{3}{-CH_3} < \overset{1}{-CH}\overset{CH_3}{\underset{CH_3}{}} \qquad (8.2)$$

   エチル n-プロピル   イソプロピル

酒石酸の場合は，$H < CH(OH)CO_2H < CO_2H < OH$ の順位になるから，水素原子の向きを間違えなければ R か S かは簡単に決められる*．

* : 最下位原子（ふつうは水素）の位置をいつも向こう側に置く必要はなく，手前に向くかたちにおいて，どちら回りか考えてもよい．ただし，この場合は右回り，左回りが逆に S, R になる．

このような順位則に従って主要な基を並べると，表8.1のようになる．

表 8.1 順位則による順位の例（番号の大きなものほど上位）

1.	非共有電子対	11.	$CH=CH_2$	21.	COR
2.	H	12.	$CH(CH_3)CH_2CH_3$	22.	$COOH$
3.	D	13.	シクロヘキシル	23.	$COOR$
4.	CH_3	14.	$CH=CHCH_3$	24.	NH_2
5.	CH_2CH_3	15.	$C(CH_3)_3$	25.	NO_2
6.	$CH_2CH_2CH_3$	16.	$C\equiv CH$	26.	OH
7.	$CH_2CH=CH_2$	17.	C_6H_5	27.	$OCOR$
8.	$CH(CH_3)_2$	18.	CH_2NH_2	28.	F
9.	$CH_2C\equiv CH$	19.	CH_2OH	29.	Cl
10.	$CH_2C_6H_5$	20.	$CH=O$	30.	Br

なかなか信じてもらえなかった不斉炭素原子の立体構造

　Pasteur が光学不活性な酒石酸（ブドウ酸と呼ばれていた）*のナトリウム・アンモニウム塩溶液から，右旋性と左旋性の塩が互いに鏡像のかたちをした別の結晶として分離析出することを発見したのは 1848 年のことである．これはきわめて例外に属する現象で，すべてのラセミ体にこのようなことが起こることを期待するのは虫がよすぎる．実際には，均一な混合物からどちらか一方の鏡像異性体をいかに効率よく分離するかにこれまで多くの努力が払われてきた．例えば，酒石酸の場合でも，塩ではなく遊離の酸ではラセミ体の結晶が得られるだけである．

　　＊：これらの名前から推測できるように，酒石の酒はワインのことであり，酒石はワインの容器の底に溜まる酒石酸水素カリウムを主成分とした沈殿物のことである．なお，ラセミ体という名称は，ブドウ酸の別名がラセミ酸であったことに由来する．

　Van't Hoff と Le Bel は，偶然にも同じ 1874 年に不斉炭素原子の存在が光学活性の原因になるという説を発表した．Van't Hoff は 22 才，Le Bel は 27 才という若さであった．現代からみると不思議に思われるかもしれないが，当時の化学界にはこの考えは必ずしも素直には受け入れられなかったばかりか，この考えは絵空事だとして激しく非難された．当時のドイツの著名な有機化学者で，フェノールからサリチル酸を合成する方法（コルベ-シュミット法）を発明した Kolbe もその 1 人で，この人の批判文は，むしろ罵倒といった方があたっているくらい痛烈である．

　もちろん，この 2 人の説の意義をただちに認めた人もいたし，さらに証拠となる事実がそろうにつれて，受け入れる人も多くなってきた．この 2 人の論文を契機として，有機化学は 2 次元から 3 次元の化学に飛躍をしたといってよいであろう．

【演習問題】

8.1 *cis*-1,2-ジメチルシクロヘキサンのいす形立体配座を書き，シクロヘキサン環の反転に伴うキラルな構造の有無を確かめよ．これをもとに，この化合物が旋光性を示さない理由を説明せよ．

8.2 シクロヘキセンに臭素を付加させて得られる *trans*-1,2-ジブロモシクロヘキサンの旋光度はゼロである．この理由を説明せよ．

8.3 図8.3に示した1,2-ジクロロエタンの回転異性体(c) の対称心は分子内のどこにあるか．

8.4 1,2,3,4,5,6-ヘキサクロロシクロヘキサン $C_6H_6Cl_6$ に可能な立体異性体の構造をすべて書き，光学活性な異性体を指摘せよ．

8.5 化合物 $HO_2CCH(OH)CH(OH)CH(OH)CO_2H$ に可能なすべての異性体（回転異性体は考えなくてよい）のフィッシャー投影式を書き，旋光性の有無を検討せよ．

8.6 図8.7(a) の鏡像を書き，実像と重ね合わせることができないことを確かめよ．

8.7 次のアレン置換体はキラルかアキラルか．
① $CH_3CH=C=CH_2$, ② $BrCH=C=CHBr$, ③ $ClBrC=C=CHBr$,
④ $ClBrC=C=CClBr$, ⑤ $ClBrC=C=CBr_2$

8.8 図8.6(b) のビフェニル誘導体では，じつは4個もの置換基がなくても，十分にかさ高くて水素でも立体障害を及ぼすことのできるような置換基ならば，最低何個あればキラルになりうるか．

8.9 下のフィッシャー投影式に示す化合物中の不斉原子の絶対配置を，R, S 表示で示せ．

9

ハロゲン置換炭化水素

第8章までで有機化合物の基本となる炭素骨格の話は終わり，この章以降は特性基をもった化合物について述べる．この章ではハロゲンを含んだ有機化合物を扱うが，同時にその反応の中でも他の化合物にも共通した置換反応と脱離反応について，機構も含めて詳しく述べる．

9.1 ハロゲン化合物の名称

ハロゲン化合物の命名法には ① 置換命名法と ② 基官能命名法の2つがある．これらの命名法では，各ハロゲン元素に表9.1に示すような表現を使って命名する．

特定の元素ではなく，ハロゲン元素を総称する場合は，表の最期の行に示したように命名法に応じてハロゲノあるいはハロゲン化という語を使う．ハロゲノのかわりにハロという短縮形を使う場合もある．表9.2に例をあげて示す．

表9.1 命名においてハロゲンを表す語

	置換命名法（接頭語）	基官能命名法
F	フルオロ fluoro	フッ化 fluoride
Cl	クロロ chloro	塩化 chloride
Br	ブロモ bromo	臭化 bromide
I	ヨード iodo	ヨウ化 iodide
ハロゲン一般	ハロゲノ halogeno	ハロゲン化 halide

表9.2 ハロゲン置換炭素水素の命名例

	① 置換命名法	② 基官能命名法
$CH_3CHClCH_3$	2-クロロプロパン 2-chloropropane	塩化イソプロピル isopropyl chloride
$(CH_3)_2CHCH_2Br$	1-ブロモ-2-メチルブタン 1-bromo-2-methylbutane	臭化イソブチル isobutyl bromide
C_6H_5I	ヨードベンゼン iodobenzene	

②の命名法は，後にくる炭化水素基の名前が簡単な場合はよいが，名前が複雑になってくるとむしろ①の命名法の方がわかりやすくなり，自ずと限界がある．ヨードベンゼンは②の方式ではヨウ化フェニルとなるはずであるが，芳香環に直接置換基の入った化合物をそのように呼ぶことはめったにない．

9.2 物理的性質

9.2.1 極性の大きな結合の形成

電気陰性度の大きなハロゲン元素は，炭素と結合すると極性の大きな結合をつくる．そのため，ハロゲンの中でも電気陰性度の大きなフッ素や塩素をもった化合物は大きな双極子モーメントをもつ．例えば，図9.1に示した1,2-ジクロロエチレンのC-Cl結合は大きな結合モーメントをもつ．2つの異性体のうちシス体は結合モーメントをベクトル合成した結果1.85 D（DはデバイDebyeと読む．$1 D=10^{-18}$esu（静電単位）$\times cm=3.33\times 10^{-30}$Cm）という値になるが，トランス体はモーメントの向きがちょうど正反対なので打ち消し合ってゼロになる．トランス体のモーメントがゼロあるいはそれに近い値であることは容易に予想できるので，もし異性体の一方が純粋な状態で得られたとすれば，その構造の判定に双極子モーメントの測定値が利用できる．

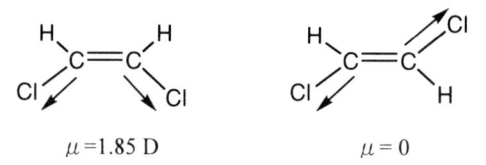

$\mu=1.85$ D $\mu=0$

図9.1 cis-および trans-1,2-ジクロロエチレンの双極子モーメント(μ)

ハロゲンが電子を強く引きつける効果はその数が増せば当然大きくなり，分子内の他の結合にも影響が現れる．例えば3個もの塩素と結合したクロロホルム $CHCl_3$ の炭素は，結合する水素から電子を強く引きつけるので，この化合物は容易にプロトンを放出しやすくなり，pK_a が約25とアセチレンに匹敵する酸性を示し，また水素結合をつくることもできる．

9.2.2 水に難溶——親油性

炭素-ハロゲン結合は極性が大きいので，極性の大きな溶媒である水によく溶けそうに思えるが，実際にはもとの炭化水素と同じようにほとんど溶けない．この性質は以下に述べるハロゲン化合物の毒性とも関連する．

9.3 化学的性質

9.3.1 毒　　性

塩素を含んだ化合物には殺虫剤，除草剤などに利用されるものが多い（図9.2）．いずれも生物に対して多かれ少なかれ毒性があるためである．この中には，BHC (**b**enzene **h**exa**c**hloride) やDDT (**d**ichloro**d**iphenyl**t**richloroethane) のように，かつては殺虫剤としてよく使われたが，その後毒性が明らかになって製造禁止となったもの，PCB*やダイオキシン**のように現在も環境汚染が社会問題となっているものなど，効用よりも毒性の方が目立ってしまったものも少なくない．

> *：マスコミではポリ塩素化ビフェニルと呼ばれることが多いが，この命名は間違いで，正しくはポリクロロビフェニルである．普通PCBと呼ばれている物質は図中の m と n が様々な値をもったものの混合物である．
> **：Dioxin．正式名称は，2,3,7,8-テトラクロロジベンゾ [b,e][1,4] ジオキシン．この化合物はアメリカがベトナムで枯葉作戦として散布した2,4-D (2,4-dichlorophenoxyacetic acid) と 2,4,6-T (2,4,6-trichlorophenoxyacetic acid) の混合物中に微量不純物として存在していたために，その強い毒性が世界の注目を浴びた．

このように特定の生物の除去を目的としたハロゲン化合物がいろいろと問題になるのは，単に毒性だけが原因ではない．水に溶けにくい性質は，生物の身体に入ると排泄されずに生体内の脂肪層に残り，直接あるいは食物連鎖を通し

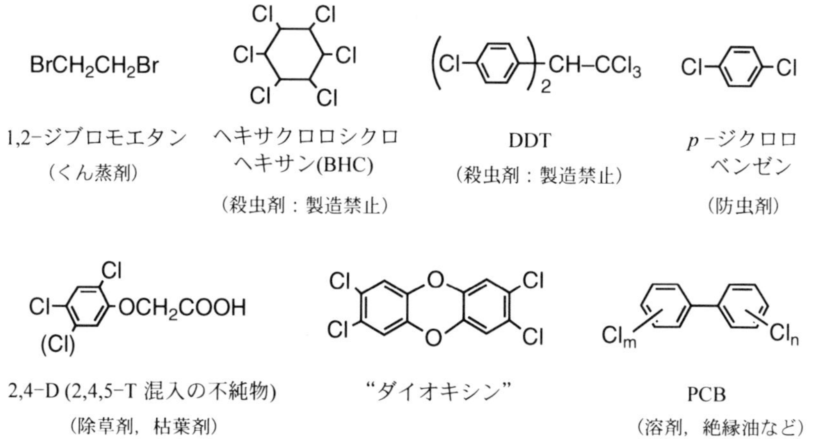
$BrCH_2CH_2Br$
1,2-ジブロモエタン
（くん蒸剤）
ヘキサクロロシクロヘキサン(BHC)
（殺虫剤：製造禁止）
DDT
（殺虫剤：製造禁止）
p-ジクロロベンゼン
（防虫剤）
2,4-D (2,4,5-T 混入の不純物)
（除草剤，枯葉剤）
“ダイオキシン”
PCB
（溶剤，絶縁油など）

図 9.2 ハロゲンをもった殺虫剤，防虫剤，除草剤，内分泌撹乱物質等

て動物の体内で危険な濃度にまで蓄積される可能性が高いことを意味している．さらに安定で容易に分解しないことがこの傾向に拍車をかけている．ハロゲン化合物が特に深刻な環境汚染の原因となるのはこのような性質が重なり合うからである．

クロロホルム（沸点 61℃），やジクロロメタン（沸点 38℃）のような溶媒としてよく使われる化合物にも毒性はある．揮発性（気体は空気より重い）なので，扱う際には吸引しないことはもちろん，皮膚にも付着しないよう，注意が必要である．

9.3.2 求核置換反応—S_N1 反応と S_N2 反応

炭素-ハロゲン結合は極性が大きく，ハロゲン原子に電子を奪われて正に帯電した炭素原子は陰イオンの攻撃を受けやすい．条件次第では攻撃した陰イオンがハロゲン原子をハロゲン化物イオンとして追い出し，自身が炭素原子と結合することもある（式 (9.1)）．

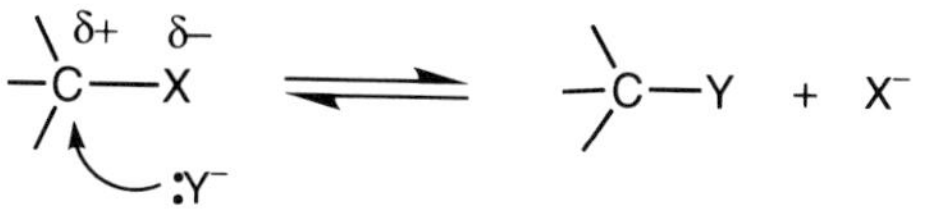

(9.1)

このような反応を求核置換反応（nucleophilic substitution reaction）といい，陰イオンを求核試薬（nucleophile），ハロゲン化物イオンを脱離基（leaving group）という．求核という言葉は，原子核と同じ正電荷を帯びた原子に対して試薬が攻撃を起こすという意味である．

a．反応の種類

この型に属する反応には様々なものがある．そのうちいくつかを式 (9.2) から (9.6) に示した．これらは合成にも利用される一般的な反応である．

$$R\text{—}X + OH^- \longrightarrow \underset{\text{アルコール}}{R\text{—}OH} + X^- \tag{9.2}$$

$$R\text{—}Cl + I^- \longrightarrow R\text{—}I + Cl^- \tag{9.3}$$

$$R\text{—}X + CN^- \longrightarrow \underset{\text{ニトリル}}{R\text{—}CN} + X^- \tag{9.4}$$

$$R\text{—}X + R'\text{—}ONa \longrightarrow \underset{\text{エーテル}}{R\text{—}O\text{—}R'} + NaX \tag{9.5}$$

$$R\text{—}X + NH_3 \longrightarrow \underset{\text{アミン}}{R\text{—}NH_2} + HCl \tag{9.6}$$

式 (9.3) の反応はハロゲン交換反応である．水-アルコールの混合溶媒中で反応を行うと，溶解度の低い塩化物は沈殿して反応系から除かれるので反応は矢印の方向に進むが，塩化物もよく溶けるような条件下では，逆反応も起こるので平衡反応となる．代表的な求核試薬は式 (9.2) から (9.4) に示したように陰イオンであるが，アンモニア（またはアミン）のように電荷がないものでも求核試薬となりうる．求核置換反応は式 (9.1) に示したように本来は可逆反応のはずであるが，上にあげた合成に利用される反応は実質的に不可逆な反応である．

b．ハロゲンの反応性

4種のハロゲン元素の求核置換反応における反応のしやすさにはかなり大きな差がある．その理由を考えながら，反応を支配する因子について考えてみよう．ハロゲンの反応性は次のようになる．

フッ素＜塩素＜臭素＜ヨウ素

式 (9.1) に示したように，求核置換反応の出発点は正電荷を帯びた炭素原

子を求核試薬が攻撃することであった．したがって，結合の分極はできるだけ大きく，炭素上の正電荷が大きな方が反応には有利に思える．すなわち，下のように電気陰性度の大きなハロゲンほど反応は速いはずである．

ヨウ素＜臭素＜塩素＜フッ素

しかし求核試薬が炭素に接近あるいは衝突しただけでは反応は起こらない．その後さらに炭素-ハロゲン結合が開裂することが必要である．もしこの過程がハロゲンの反応性に（別の言い方をすると，反応の活性化エネルギーに）影響を与えているとすれば，それは炭素-ハロゲン結合のエネルギーをみれば見当がつく．結合エネルギーのおおよその値は次のようになる．

C-F　460 kJ mol^{-1}；　C-Cl　355 kJ mol^{-1}；　C-Br　290 kJ mol^{-1}；
C-I　235 kJ mol^{-1}

結合エネルギーにはかなり大きな差があることがわかる．これから推定される反応性の順位は電気陰性度とは逆の順位となる．

フッ素＜塩素＜臭素＜ヨウ素

さらに，脱離していくハロゲンは中性の原子ではなくハロゲン化物イオンとなるので，イオンとして脱離しやすいか（イオンが溶媒和を受けて安定するか）という問題も活性化エネルギーに影響を与えているはずである．一般にイオン半径の大きなイオン（原子番号の大きなイオンとほぼ同じ意味と考えてよい）ほど溶媒和は大きく，イオンとして安定である．溶媒和から予想される安定化の順位は次のようになる．

フッ素＜塩素＜臭素＜ヨウ素

まだこのほかにも考えるべき事項はいくつかあるが，反応性に対する影響は小さい．結局，以上のような複数の因子が作用し合った結果として冒頭に示したような順位が生じたのである．

c．求核置換反応の機構と略号

求核置換反応には，反応速度が置換を受ける化合物 RX と求核試薬の濃度の両方に依存する 2 次反応と，RX だけの濃度に依存する 1 次反応がある．前者を 2 分子求核置換反応（S$_N$2 反応），後者を 1 分子求核置換反応（S$_N$1 反応）という．S$_N$ という記号は，S が置換（substitution），N が求核的（nucleophilic）の意味で，数字は反応の次数を示す．

**S$_N$2 反応**：反応速度＝k_2[R-X][Y$^-$]

$$\underset{2\overset{|}{\underset{3}{\diagdown}}}{\overset{1}{\diagup}}\text{C-X} + :\text{Y}^- \text{（求核試薬）} \longrightarrow \left[\text{Y---}\underset{3\ 2}{\overset{1}{\text{C}}}\text{---X}\right]^- \longrightarrow \text{Y-}\underset{3}{\overset{1}{\text{C}}}\diagdown_2 + :\text{X}^- \quad (9.7)$$

**S$_N$1 反応**：反応速度＝k_1[R-X]

$$-\overset{|}{\underset{|}{\text{C}}}\text{-X} + :\text{Y}^- \rightleftarrows :\text{Y}^- \ \overset{|}{\text{C}^+} \ :\text{X}^- \longrightarrow \text{Y-}\overset{|}{\underset{|}{\text{C}}}- + -\overset{|}{\underset{|}{\text{C}}}\text{-Y} + :\text{X}^-$$

(9.8)

S$_N$2 反応は式（9.8）に示すように, 脱離基 X の背後から求核試薬 Y$^-$ が近づいて X を押し出すような形で反応が進行する. この機構では前面ではなく背後から求核試薬が攻撃を起こすことが重要な点である. この過程で, X と Y がともに反応中心の炭素原子と弱い結合を作ったような遷移状態が現れる（このような状態の炭素原子を 5 配位の状態という. 式（9.8）で構造を [ ] で囲ったのは遷移状態であることを示すためである. このように化合物 R-X と試薬 Y$^-$ の両方が関与した形の遷移状態を通るため, 双方の濃度が反応速度に影響を及ぼし 2 次反応となる. この機構では遷移状態で電荷が分離していないため, S$_N$1 機構と異なって溶媒の極性の影響をあまり受けない.

S$_N$1 反応（式（9.8））は R の構造がかさ高くて, 求核試薬が脱離基の反対側から近づきにくい場合, あるいはカルボカチオン R$^+$ が非常に安定な場合にみられる機構で, カルボカチオンが反応中間体となる. R-X から X$^-$ が脱離する過程が律速段階になるため, R-X の濃度だけで速度が決まり, 1 次反応となる. 反応におけるこの中間体は, 短いが有限の寿命をもって出現する. 一方, 遷移状態は反応の過程でエネルギーが最も高くなる通過点にすぎないので寿命はない. この点が中間体と明確に異なっている. S$_N$1 反応の機構は, 反応溶媒が水やアルコールのように極性が大きく, カルボカチオンを安定にする溶媒の中で起こりやすくなる.

d. アルキル基の構造と機構

カルボカチオンの安定性の順位は第 1 級＜第 2 級＜第 3 級カルボカチオンで

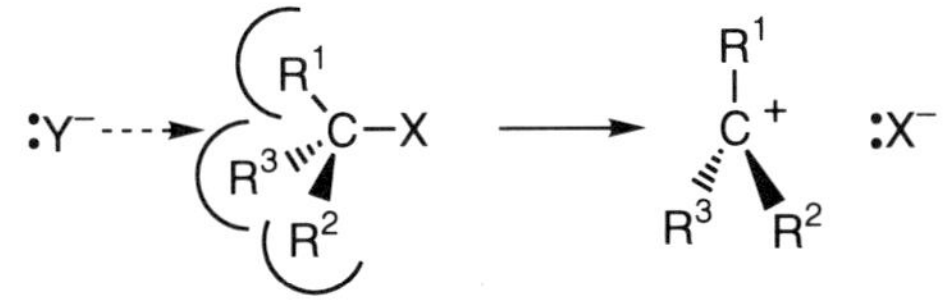

図 9.3 第 3 級アルキル基の中心炭素原子
立体障害のため求核試薬は近づけない．

あることは，4.5.2 項で述べた．特に，第 3 級アルキル基と結合したハロゲン化合物 $R^1R^2R^3C\text{-}X$ には背後から求核試薬が近づこうとしても 3 個のアルキル基にさえぎられて 5 配位の遷移状態をとるところまで達することができない（図 9.3）ので，この点でも S_N1 機構が起こりやすい条件をそなえていることになる．これとは逆に，第 1 級アルキル基では立体障害が少なく，生じるカルボカチオンも安定ではないので，ほとんどの場合 S_N2 機構で進行する．ただし，第 1 級のカルボカチオンでもアリルカチオン $CH_2=CHCH_2^+$ のように安定なものは，むしろ S_N1 機構で反応を起こす．第 2 級アルキル基の場合は，立体障害もカルボカチオンの安定性もこの 2 つの中間にあり，反応試薬や溶媒によってどちらの機構でもとりうる．

9.3.3 置換反応の立体化学

　置換反応の 2 つの機構の違いは反応次数だけではなくて，生成物の立体構造にも影響が現れる．式（9.7）と式（9.8）を見ながら説明しよう．S_N2 機構では求核試薬は脱離基の背後から近づいて結合をつくる．炭素に結合した残りの 3 個の基に式のように番号を振ると，式（9.7）では X から見て時計回りに 1 → 2 → 3 と並んでいたものが（遷移状態を参照），Y に置換された生成物では Y から見て時計回りに 1 → 3 → 2 と並ぶ．すなわち，炭素原子の立体配置が反転する．したがって，置換の起こる炭素が不斉炭素原子で，しかも X と Y が同じ置換基だとすると（例えば，ハロゲンを同じハロゲンの陰イオンで置換するような場合），旋光度は完全に逆転する．このことは，実際にヨウ素化合物について確かめられていて（章末の問題 9.5 参照），それがこの S_N2 反応の機構を明らかにする決め手の 1 つになった．不斉炭素原子に結合する 4 個の基の空間的な配置を立体配置（または絶対配置）というが，この言葉を使うと，

「S_N2 機構は立体配置の反転を伴う反応である」といえる.

一方,S_N1 機構はカルボカチオン中間体を通る.その正電荷をもった炭素原子は式 (9.8) にも示したように,平面構造で sp^2 混成状態である.したがって求核試薬はこの平面のどちら側からも正電荷をもった炭素に近づくことができるので,生成物は 2 つの鏡像異性体が 1 : 1 の割合でできる(式にも 2 種の生成物が示してある).つまりラセミ体が生じる.よって,「S_N1 機構はラセミ化を伴う反応である」といえる.

9.3.4 脱離反応—E1 反応と E2 反応

置換反応と並んで,ハロゲン化水素が抜けて二重結合が生じる脱離反応はハロゲン化合物の特徴となる反応の 1 つである.脱離反応 (elimination) は,反応試薬として塩基(B^-,置換反応と同様,必ずしも陰イオンでなくてもよい)を使う点で置換反応と共通している.

E2 反応:反応速度 $= k_2 [\text{R-X}][\text{B}^-]$

$$\text{-C-C-} \xrightarrow{\text{B}^{:-} \ (\text{B}=塩基)} \left[\text{B---H} \cdots \text{C}\!=\!\text{C} \cdots \text{X} \right]^- \longrightarrow \text{BH} + \text{C}\!=\!\text{C} + \text{X}^- \tag{9.9}$$

E1 反応:反応速度 $= k_1 [\text{R-X}]$

$$\text{-C-C-} \longrightarrow \text{-C-C}^+ + \text{X}^- \xrightarrow{\text{B}^{:-}} \text{C}\!=\!\text{C} + \text{BH} \tag{9.10}$$

ハロゲンが脱離する過程と塩基により水素がプロトンとして引き抜かれる過程がほぼ同時に進行する遷移状態を通る場合は,反応速度がハロゲン化合物と塩基の濃度の両方によって決まるので,速度式の次数は 2 次になる.この反応を 2 分子脱離反応または E 2 反応という.分子からまずハロゲン化物イオンが脱離してカルボカチオンを生じ,それからさらにプロトンが引き抜かれる機構では,反応速度がハロゲン化合物の濃度だけに依存して,次数が 1 次になることから,1 分子脱離反応または E 1 反応という.E 2 と E 1 のいずれの機構で脱

離が進行するかは，生成しうるカルボカチオンの安定性，反応溶媒，塩基試薬の塩基性の強さ，など様々な条件によって決まる．

また，置換反応と同じように塩基試薬を使うので，脱離反応だけでなく置換反応も起こることもある．

$$\text{CH}_3-\underset{\underset{\text{CH}_3}{|}}{\overset{\overset{\text{CH}_3}{|}}{\text{C}}}-\text{Cl} \begin{cases} \xrightarrow{\text{I}^-} & \text{CH}_3-\underset{\underset{\text{CH}_3}{|}}{\overset{\overset{\text{CH}_3}{|}}{\text{C}}}-\text{I} \\ \xrightarrow{\text{Et}_3\text{N}} & \underset{\text{CH}_3}{\overset{\text{CH}_3}{>}}\text{C}=\text{CH}_2 \end{cases} \quad (9.11)$$

例えば，塩基試薬の塩基性が弱く（式 (9.11) の I^-）プロトンを引き抜けない場合は置換反応に，塩基性が強くしかもかさ高くて C–N 結合の形成が難しい場合（式 (9.11) の Et_3N）は脱離反応になることが予想できる．また，同じハロゲン化物と塩基試薬の組合せでも，条件（例えば，反応温度）を変えるだけで主反応が一方から他方に移ることもある．

E2機構では，脱離する X と H も含めて X–C–C–H が同じ平面の上にある状態（2面角が 180° のトランス配座）で反応が起こると，もっとも容易に進む．したがって，そのような配座がどうしてもとれない化合物では，脱離反応が非常に遅いかあるいは起こらないこともある．

脱離反応（E1機構でも E2機構でも）によって二重結合の位置の異なった2種以上のアルケンが生成する場合は，次のセイチェフ則（Saytzeff rule；ザイツェフ則 Zaitsev rule ともいう）が適用できる．

「脱離反応では，二重結合により多くの置換基をもったアルケンの生成が優先する」

$$\text{CH}_3-\text{CH}_2-\underset{\underset{\text{Br}}{|}}{\text{CH}}-\text{CH}_3 \xrightarrow{\text{OH}^-} \underset{19\%}{\text{CH}_3-\text{CH}_2-\text{CH}=\text{CH}_2} + \underset{81\%}{\text{CH}_3-\text{CH}=\text{CH}-\text{CH}_3}$$

$$(9.12)$$

この規則は，より安定な生成物（4.2節参照）ほど生成しやすいことを示している．したがって，シス体とトランス体の混合物が生成する反応では，トランス体の方がより多く生成する．

9.3.5 グリニャール試薬とグリニャール反応

　有機ハロゲン化合物の特徴の1つは，金属と反応して炭化水素基をもった金属化合物をつくることである．生成した有機金属化合物はさらに反応試薬として合成に利用される．なかでもマグネシウム化合物であるグリニャール (Grignard) 試薬は基本的な有機反応の1つとして重要なものであり，反応の開発者である Grignard はこの業績により1912年にノーベル賞を受けている．

　合成反応は2段階からなり，まず式 (9.13) のようにグリニャール試薬と呼ばれるマグネシウム化合物を合成する．

グリニャール試薬の合成：

$$\text{R—X} + \text{Mg} \xrightarrow{\text{無水エーテル}} \text{R—MgX} \quad \text{グリニャール試薬}$$
$$(\text{X=Cl,Br,I})$$

$$\text{Ar—X} + \text{Mg} \xrightarrow{\text{無水エーテル}} \text{Ar—MgX} \tag{9.13}$$
$$(\text{X=Br,I})$$

ハロゲンの中でフッ素と芳香環に結合した塩素は反応しない (9.3.2項参照)．反応は完全に水を除いたエーテルを溶媒として使う．このエーテルにリボン状のマグネシウムを入れ，ハロゲン化合物を加えてかき混ぜているとグリニャール試薬ができるにつれてマグネシウムが溶けていく．こうしてできた試薬に，さらに反応試薬を加えてグリニャール反応を行う．

　典型的な反応のいくつかを式 (9.14) ～ (9.17) に示した．

グリニャール反応：

$$\text{RMgX} + \text{CO}_2 \longrightarrow \text{RCO}_2\text{Mg} \xrightarrow{\text{H}_2\text{O}} \underset{\text{カルボン酸}}{\text{RCO}_2\text{H}} \tag{9.14}$$

$$\text{RMgX} + \underset{\text{カルボニル化合物}}{\overset{R^1}{\underset{R^2}{>}}\text{C=O}} \longrightarrow R^2\text{-}\underset{R}{\overset{R^1}{\text{C}}}\text{-OMg} \xrightarrow{\text{H}_2\text{O}} \underset{\text{アルコール}}{R^2\text{-}\underset{R}{\overset{R^1}{\text{C}}}\text{-OH}} \tag{9.15}$$

$$2\text{RMgX} + \underset{\text{エステル}}{R^1\text{CO}_2R^2} \xrightarrow{-R^2\text{OH}} R^1\text{-}\underset{R}{\overset{R}{\text{C}}}\text{-OMg} \xrightarrow{\text{H}_2\text{O}} \underset{\text{アルコール}}{R^1\text{-}\underset{R}{\overset{R}{\text{C}}}\text{-OH}} \tag{9.16}$$

$$\text{RMgX} + \text{H}_2\text{O (D}_2\text{O)} \longrightarrow \text{RH (RD)} \tag{9.17}$$

式 (9.17) を除いて，グリニャール試薬を加え終わった段階の生成物は，$-$OMg 結合をもったマグネシウムアルコキシド型の化合物であり，これを水で分解して生成物が得られる．式 (9.14) はカルボン酸，(9.15)，(9.16) はアルコールの合成反応として使われる．式 (9.15) では，カルボニル化合物として R^1, R^2 は一方または両方が水素でも炭化水素基でもよいので，その組合せにより生成物は第1級から第3級アルコールまですべて可能である．エステルとの反応 (9.16) では必ず2分子のグリニャール試薬が反応するので，R^1 が H の場合を除いて，得られるのは第3級アルコールである（エステルと1分子のグリニャール試薬との反応でまずケトンが生じ，それがさらにもう1分子のグリニャール試薬と反応するため）．式 (9.17) の反応はグリニャール試薬は水と容易に反応することを示している．溶媒に無水のエーテルを使うのはこのためである．普通，生成物の炭化水素は目的の化合物ではないので，この反応は望ましくない．しかし，化合物の特定の位置を重水素で置換したいというような場合には，重水を使ってこの反応を利用できる．

利用されているフッ素化合物

　反応性という点からみると結合エネルギーが高いことが影響して，フッ素の化合物はあまり役に立たないようにみえるかもしれない．しかし，反応しにくいということは安定であるということであり，この性質を利点として応用することができる．1つの例は，$CH_2=CF_2$ と $CF_2=CFCl$ あるいは $CF_2=CFCF_3$ との共重合で得られるフッ素ゴム（ブタジエンのシス型重合体だけがゴムの性質を示すわけではない．現に，この重合体には二重結合はない）で，非常に耐熱性が高く 230℃ でも連続使用に耐える．

$$\mathrm{{+\!\!\!\!+\,CH_2\cdot CF_2\,CF_2\cdot \underset{\,}{\overset{Cl}{CF}}\,\!\!\!\!+\!\!\!\!+}_n}$$

$$\mathrm{{+\!\!\!\!+\,CH_2\cdot CF_2\,CF_2\cdot \underset{\,}{\overset{CF_3}{CF}}\,\!\!\!\!+\!\!\!\!+}_n} \qquad \text{フッ素ゴム}$$

$$-(CH_2\text{-}CF_2\,CF_2\text{-}CF_2)_n-\quad\text{ポリテトラフルオロエチレン}$$

テフロンという商品名で知られているポリテテトラフルオロエチレンは摩擦係数が非常に小さいことで様々な家庭用品に使われているが，耐熱性も耐薬品性も高く，フライパンの内面，パッキング，化学実験用器具の材料としてよく使われている．

フッ素化合物が人体に無害であることは医療分野で利用されていることからも明らかである．なかでも，すべての水素をフッ素で置換した炭化水素（ペルフルオロアルカンという）あるいはペルフルオロアルキル基をもったアミン，エーテルなどは酸素をよく溶かす性質がある．輸血用の血液が不足したときに臨時のしかも血液型を問わない血液代用品として使われている．もちろん，保存に特別な配慮は不要だし，菌やウイルスによる汚染の心配もない．ただしフッ素化合物は水とはなじみにくいので，このような目的で用いるときは，界面活性剤を加えてエマルション（乳濁液）の状態にしたうえ，適当な塩を加え，さらに水素イオン濃度（pH）を調節する．輸血を受けた人が自身で血液を作り出すようになれば，フッ素化合物は徐々に体外に排出されるので長期にわたり蓄積される心配もない．

一方で，CCl_nF_{4-n} や $C_2Cl_nF_{6-n}$ のような組成をもったメタンやエタンのフッ素と塩素の置換体はクロロフルオロカーボン（通称名フロン）と総称され，非常に反応しにくく（安定で），毒性もなく，沸点が低いことから金属の洗浄，冷媒，噴霧剤などに利用されていた．しかしこの場合は，不活性なことが空気中の濃度を増加させ，高層での光反応によるオゾン層破壊を招く結果となってしまい，現在は製造も使用も中止されている．

9.4 ハロゲン化合物の合成

(1) 光反応によるハロゲン置換

$$\text{R-H} + X_2 \xrightarrow{h\nu} \text{R-X} + \text{HX} \quad (X=Cl,\ Br) \qquad (9.18)$$

この反応については 2.1.5 項で詳しく述べた．ハロゲンが塩素と臭素の場合

に起こる．

(2) ハロゲンの付加

$$\text{>C=C<} + X_2 \longrightarrow -\underset{X}{\overset{|}{C}}-\underset{X}{\overset{|}{C}}- \quad (9.19)$$
(X=Cl, Br, I)

フッ素の付加は普通起こらない．

(3) アルコールから

R-OH + HX (1/3PX$_3$, PCl$_5$, SOCl$_2$)

$\longrightarrow$ R-X + H$_2$O (H$_3$PO$_3$, POCl$_3$+HCl, SO$_2$+HCl) (9.20)
(X=Cl, Br, I)

アルコールにハロゲン化水素酸，三ハロゲン化リン PX$_3$，五塩化リン PCl$_5$，塩化チオニル SOCl$_2$ などを作用させると，アルコールのヒドロキシ基がハロゲンに置換される．なかでも塩素化が目的のときは，塩化チオニルは反応性が高く，しかも生成するのはハロゲン化合物以外，気体の二酸化硫黄と塩化水素だけなのでよく利用される．

(4) 芳香族炭化水素への置換反応

$$\text{Ar-H} + X_2 \xrightarrow{\text{ルイス酸}} \text{Ar-X} + \text{HX} \quad (9.21)$$
(X=Cl, Br)

ベンゼンのような芳香族炭化水素へハロゲン（塩素または臭素）を直接導入するには，ハロゲン化鉄，ハロゲン化アルミニウムなどルイス酸の存在下でハロゲンを作用させる．この反応も 7.6 節の (2) で述べたように，ルイス酸はハロゲン（塩基）との酸・塩基反応によりハロゲンカチオン（X$^+$）を発生させて反応を容易にする．

【演習問題】

9.1 1,4-ジクロロブタトリエン ClHC=C=C=CCHCl には 2 種の異性体がある．その構造を示し，どのような方法を使えば両者の構造を区別することができるか述べよ．

9.2 フッ化水素，塩化水素，臭化水素，およびヨウ化水素の結合エネルギー

の大小関係は，HI＜HB＜HCl＜HF である．9.3.2 項の議論を参考にして，この 4 つの化合物の水溶液における酸としての強さの順位を推定せよ．

9.3 ポリエチレンよりもポリ塩化ビニル（$-\text{CHClCH}_2\text{CHClCH}_2-$）$_n$ の方が硬質のポリマーになる理由を考えよ．

9.4 内分泌撹乱物質（環境ホルモンと呼ばれることもある）の 1 つに，コプラナー PCB（PCB の構造は図 9.2 参照）と呼ばれる化合物（複数）がある．前章の 8.6 項と問題 8.8 を参考にして，コプラナー（coplanar）の意味を説明せよ．

9.5 光学活性な 2-ヨードオクタンに放射性ヨウ化物イオン *I$^-$ を作用させたところ（式 (9.22)），放射性ヨウ素が取り込まれる反応の速度定数に対して反応溶液の旋光度の減少する速度定数が 2 倍であったことから，9.3.2 項で述べた S$_N$2 反応の機構が証明された．以下の問に答えよ．

$$\text{CH}_3\text{-CH-C}_6\text{H}_{13} + \text{*I}^- \longrightarrow \text{CH}_3\text{-CH-C}_6\text{H}_{13} + \text{I}^- \quad (9.22)$$
$$\quad\quad\quad | \quad\quad\quad\quad\quad\quad\quad\quad\quad\quad\quad | $$
$$\quad\quad\quad \text{I} \quad\quad\quad\quad\quad\quad\quad\quad\quad\quad \text{*I}$$

(1) S$_N$2 置換反応であると，なぜ旋光度の減少速度はヨウ素の取り込み速度の 2 倍になるか．

(2) S$_N$2 置換反応では立体配置の反転が起こるはずである．ところが，反応とともに反応溶液の旋光度は減少して 0 になるが，それ以上時間をおいても出発物質の旋光度とは逆の旋光度は観測できない．この理由を考えよ．

9.6 反応 (9.23) の機構を説明せよ．

$$(\text{CH}_3)_3\text{C-Br} \xrightarrow{\text{MeOH}} (\text{CH}_3)_3\text{C-OMe} + (\text{CH}_3)_2\text{C=CH}_2 \quad (9.23)$$

9.7 グリニャール反応で，カルボニル化合物として何を使えば生成物が第 1 級アルコールになるか．

9.8 次に記す反応 (1) ～ (4) は，いずれもグリニャール反応を利用して記された目的物を合成したものである．指定された出発物質から目的の化合物を合成する方法を述べよ．出発物質は必ず用いるが，それ以外の反応試薬は何を用いてもよい．合成方法は 1 段階では済まないものもある．

(1) CH₃I ⟶ (CH₃)₃COH

(2) CH₃CHCH₃ ⟶ (CH₃)₂CHCO₂H
        |
        OH

(3) CH₃I ⟶ ⟨cyclopentene⟩-CH₃

(4) CH₃(CH₂)₄CHCH₃ ⟶ CH₃(CH₂)₄CHCHCH₂OH
              | |
              Br   CH₃

9.9 エステルはグリニャール試薬と反応してアルコールを生成するが，エステルのかわりにカルボン酸をこの反応に使うことはできない．なぜか．

9.10 図7.8を参考にして，クロロベンゼン PhCl について共鳴構造を記せ．その結果を参考にして，クロロベンゼンがなぜグリニャール試薬を生成しないのか説明せよ．（ヒント；共鳴構造の C-Cl 結合に注目せよ）

10

アルコールとフェノール

　この章ではヒドロキシ基 OH* をもった化合物について述べる．この種の化合物は，ヒドロキシ基の結合する炭化水素が脂肪族かあるいは芳香族かに応じて，アルコール類あるいはフェノール類と総称が異なっている．本書ではこの2つを同じ章で扱うことにより，両者の共通点と相違点を比較して考察することができるので，ヒドロキシ基という官能基を理解するのに有効であると考えた．

　＊：この基はこれまでヒドロキシル基と呼ばれていたが，ヒドロキシルという名称は遊離基 HO· にのみ用いられることになった（1993 年改訂 IUPAC 命名法）ので，ヒドロキシ基が正しい名称となる．

10.1　アルコールとフェノールの名称

10.1.1　アルコールの名称

　原子団 OH の置換基としての接頭語はヒドロキシである．しかし構造が複雑でない場合は次の2つの命名法を採用する．そのほか，慣用名として認められた名称がある

　(1)　語尾に ol（オール）をつける（置換名，図 10.1 の ①））

　ヒドロキシ基の置換した炭素原子の位置番号を示すとともに，炭化水素の語尾をオールに変える．英語名では，例えば ethane から ethanol になる（ne＋

| CH₃CH₂OH | CH₃CH₂CH₂OH | CH₃CHCH₃ |
| | | OH |

① エタノール　　　　　① 1-プロパノール　　　　① 2-プロパノール
② エチルアルコール　　② プロピルアルコール　　② イソプロピルアルコール

| CH₃CH₂CH₂CH₂OH | CH₃CH₂CHCH₃ | (CH₃)₂CHCH₂OH |
| | OH | |

① 1-ブタノール　　　　① 2-ブタノール　　　　　① 2-メチル-1-プロパノール
② n-ブチルアルコール　② s-ブチルアルコール　　② イソブチルアルコール

図 10.1　2つの命名法によるアルコールの名称

ol では母音が重なるため e をとって nol とする).

　(2)　アルキル基名＋アルコール(基官能名, 図 10.1 の ②))
　ROH の R 部分が簡単な構造のものは R の名称にアルコールを付して呼ぶこともできる. 英語では, ethyl alcohol のように 2 語からなる. 図 10.1 で使われているアルキル基の名称はすでに図 2.2 で紹介したものである.

　(3)　慣用名
　エチレングリコール, グリセリン* の 2 つは慣用名が認められている.

| HOCH₂CH₂OH | HOCH₂CHCH₂OH |
| | OH |

エチレングリコール；　　　　　グリセリン；
1,2-エタンジオール；　　　　　1,2,3-プロパントリオール；
1,2-ジヒドロキシエタン　　　　1,2,3-トリヒドロキシプロパン

慣用名に続いて 2 番目に記したのは (1) の命名法によった場合, 3 番目に記したのは置換基の接頭語を使って命名した場合の名称である (いずれの名称も正しい). また, アリルアルコールのように, R の名称に慣用名が認められているものは (2) の命名法を採用すれば慣用名になる.

　*：慣用名として原語の音訳を採用する場合, そのもととなるのは原則として英語名である. グリセリンの英語名は glycerol (音訳はグリセロール) であるが, 例外として独語に由来するグリセリンが認められている. 似たような例に, ナフタレンとナフタリン (これは慣用名として認められていない) がある.

10.1.2　フェノールの名称

　フェノールをはじめとしてかなりの化合物に慣用名が認められている. 図

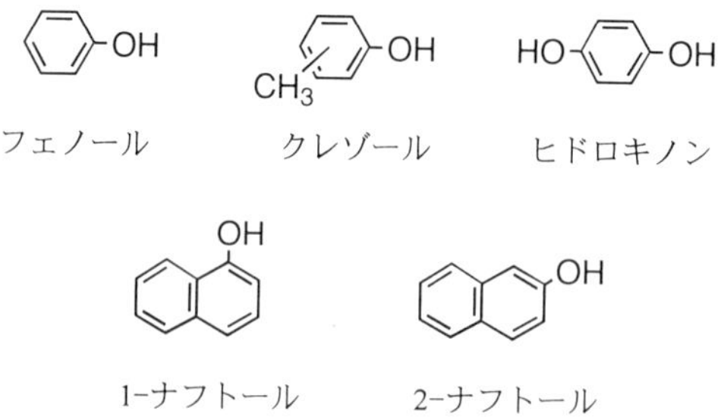

フェノール　　クレゾール　　ヒドロキノン

1-ナフトール　　2-ナフトール

図10.2 フェノール類の例

10.2に示した名称はすべて慣用名である．フェニルという基名はあってもフェノールをフェニルアルコールのようにいうことはない．多くの化合物は慣用名をもとにして，その誘導体として命名することができる（必要に応じて，o-, m-, p-等の記号や位置番号を示す）．それが不可能な場合は，置換基名ヒドロキシを使う．

10.1.3 アルコールの構造による分類

アルコールについて，ヒドロキシ基と結合したアルキル基の型によって，表10.1のように分類することがある．

　　　第1級アルキル ⟶ RCH_2OH　　第1級アルコール
　　　第2級アルキル ⟶ R^1R^2CHOH　　第2級アルコール
　　　第3級アルキル ⟶ $R^1R^2R^3COH$　　第3級アルコール

これはアルコールの反応について考えるときに便利な分類法である．

また，1分子中にヒドロキシ基を何個もっているかによって，1価アルコール（例，エタノール），2価アルコール（例，エチレングリコール），のように呼ぶ．2価以上のアルコールを多価アルコールと呼ぶこともある．

10.2　物理的性質

10.2.1 水素結合の存在

ヒドロキシ基は水素結合を作る代表的な官能基である．このため図10.3のように多数のアルコールが水素結合で結ばれている．このように強い分子間力

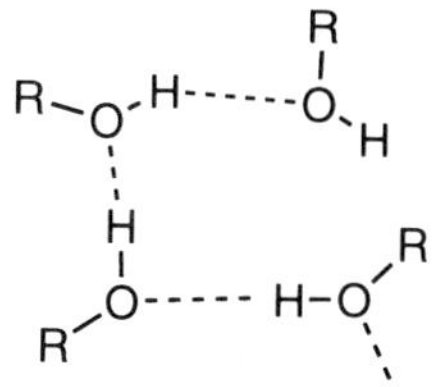

図 10.3 アルコールの水素結合

表 10.1 ハロゲン化合物とアルコールの沸点の比較

ハロゲン化合物	沸点/℃	アルコール	沸点/℃
CH_3F (34.0)[a]	−78	CH_3OH (32.0)	64.6
CH_3Cl (50.5)	−24		
C_2H_5F (48.1)	−32	C_2H_5OH (46.1)	78.3
C_2H_5Cl (64.5)	12.3		

a：( ) 内は分子量.

が作用するので，表9.1に示すように，アルコールは単に極性が大きなだけのハロゲン化合物よりも沸点が高い．

同程度の分子量のフッ化物だけでなくより大きな塩化物と比較しても，アルコールの沸点ははるかに高い．分子間力として水素結合の効果が理解できよう．

10.2.2 水に対する溶解度

アルコールは水 H-O-H の H を炭化水素基に置換したものであるから，ヒドロキシ基は水になじみやすい．このような性質をもった基を親水基という．これに対してアルキル基のような水になじみにくい性質をもった基を疎水基または親油基という．さらにヒドロキシ基は水と水素結合を作ることができるので，水分子の集合の中へも容易に入り込むことができる．そのため，メタノール，エタノール，2種のプロパノール異性体はいずれも水に100%溶ける．1-ブタノールになって，はじめて溶解度が7%（25℃）になる．この変化は，親水基であるヒドロキシ基と疎水基のアルキル基との「力関係」が逆転したためである．つまり炭素数3個までのアルコールは親水基の力がまさっていたが，炭素数が4個になって疎水基の力の方が強くなったと解釈できる．フェノール

の溶解度は 25℃ では 8.7% であるが,ベンゼンが水に不溶であることを考えるとこの親水基の効果は強力である.

ポリエチレンやポリプロピレンのような炭化水素系の高分子化合物はもちろん水に溶けないが,ポリビニルアルコール $-CH_2CH(OH)-CH_2CH(OH)CH_2CH(OH)-$ のように,炭素1つおきにヒドロキシ基が置換した高分子はある程度水に溶ける.

10.3 化学的性質

10.3.1 酸　　性

アルコールもフェノールも水中でプロトンを放出することができる(式(10.1))が,解離定数はエタノールで 10^{-18},フェノールで 10^{-10} というように非常に小さいので,リトマス試験紙を赤変することはない.エタノールは水よりも解離定数は小さい(表 5.2 参照).

$$ROH\,(ArOH) + H_2O \rightleftharpoons RO^-\,(ArO^-) + H_3O^+ \qquad (10.1)$$

このような弱い酸の場合は,金属ナトリウムを加えて水素が発生することにより酸であると判断できる(式(10.2)).反応で生じたナトリウムとのアルコキシド(アルコラートともいう)やフェノキシド(フェノラートともいう)は,これらの酸のナトリウム塩に相当する.

$$\begin{aligned}2ROH + 2Na &\longrightarrow 2RONa + H_2 \\ &\qquad\qquad\text{ナトリウムアルコキシド} \\ 2ArOH + 2Na &\longrightarrow 2ArONa + H_2 \\ &\qquad\qquad\text{ナトリウムフェノキシド}\end{aligned} \qquad (10.2)$$

酸解離定数をエタノールとフェノールとで比較すると,フェノールの方がかなり大きい.この理由は共鳴によってフェノールの酸性が高くなることで説明できる.しかし,その説明をする前に式(10.3)の平衡について,その平衡定数の大小の一般的な説明の仕方を考えてみよう.

$$反応系 \rightleftharpoons 生成系 \qquad (10.3)$$

これには2つの説明方法がある．
 ① 反応系に原因を探す．
 ② 生成系に原因を探す．
これはあたりまえのことであるが，場合によってはどちらか一方が他方よりもかなり簡単なことがあるので，片方で説明しにくい場合にもう一方で説明できるか検討してみることは無駄ではない．

再びエタノールとフェノールの問題に戻ろう．ここでは，エタノールには存在しない原因でフェノールの酸解離定数が大きくなることを説明する．上記の2つの方法それぞれで説明する．

a. 反応系による説明

ヒドロキシ基の酸素原子には非共有電子対があり，図7.8と同じように（X＝Oに相当する）隣接するπ電子系との間に共鳴を考えることができる．図10.4に非共有電子対がベンゼン環中に非局在化したフェノールの共鳴構造 (1) をその書き方 (2) と共に示した（両羽根と片羽根の矢印の意味については7.5節参照）．これは図7.8に示したベンジルアニオンの共鳴構造式において，負電荷をもった炭素原子を非共有電子対をもったヒドロキシ基に変えたものである．

非共有電子対の非局在化した共鳴構造は，(a) と比べて電荷が分離していて共有結合が1つ少ないうえ，酸素上に正電荷，炭素上に負電荷があるので寄

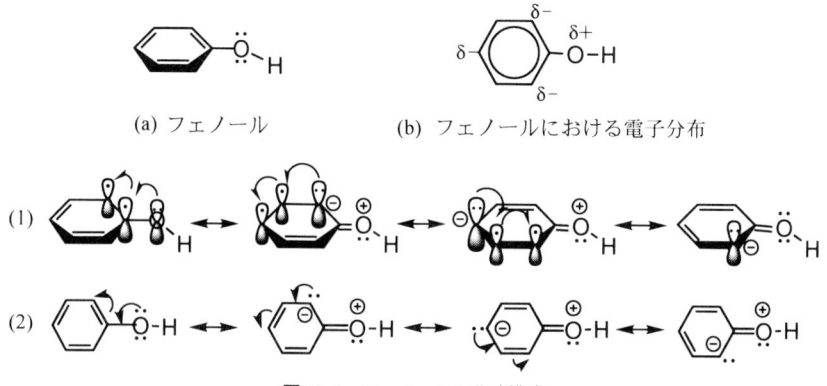

図10.4 フェノールの共鳴構造
他の記号と紛れないように電荷の符号は円で囲んだ．

与はきわめて小さい（7.3.1項参照）．それでも，(a)に加えてこれらの共鳴構造を考慮した結果，フェノールの構造として(b)のように酸素上にごくわずかな正電荷（$\delta+$），オルトとパラ位に負電荷（$\delta-$）をもった構造が浮かび上がる．このように酸素原子がわずかでも正電荷を帯びる（非共有電子対の密度が減少する）と，その効果はO–H結合にも及んで水素はプロトンとして離れやすくなる．一方，エタノールにはこのような非共有電子対の減少する効果はないので，フェノールよりプロトンを放出しにくい．

b. 生成系による説明

ここで生成系というのはフェノキシドイオンである．式（10.4）に示したように（これは，図7.8のベンジルアニオンの炭素原子を酸素原子に置換しただけである），酸素原子上の負電荷はベンゼン環内にも非局在化する．すなわち，電荷の分布領域がエトキシドイオンよりも広く，安定であるので，平衡はエタノールよりも生成系側に傾く．

$$\text{（構造式）} \quad (10.4)$$

いずれの説明でもよいが，これでフェノールの酸解離定数がエタノールよりも大きいことが説明できた．

ところで，a.の場合のように非常に不安定な構造をもち出す説明は信頼できるかどうか不安に思えるかもしれない．しかし，式（10.5）の反応は共鳴構造から予想される電子分布図10.4(b)が正しいことを示している．

$$\text{PhOH} \xrightarrow{Br_2} \text{2,4,6-トリブロモフェノール} \quad (10.5)$$

なぜなら，臭素の置換反応は二重結合への付加と同様Br^+イオンの攻撃による求電子型の機構*であり，実際に置換が起こった2, 4, 6の3つの位置は，他の炭素原子よりも電子密度の高い位置と一致するからである．

＊：主としてπ電子系に対して正電荷をもった試薬あるいはルイス酸が起こす置換反応を，求電子置換反応 electrophilic substitution と呼んでいる．

10.3.2 塩基性

ヒドロキシ基の酸性について述べたすぐ後で塩基性を取り上げるのは奇妙に思えるかもしれないが，この性質はヒドロキシ基の酸素原子のもつ非共有電子対によるものである．つまり，この酸素原子はルイス塩基になりうるということである．これは別に不思議なことではない．水分子の解離では水分子の酸素原子がプロトン受容体としても作用していることを考えれば，当然の現象である．

$$R-\ddot{\underset{..}{O}}-H + H^+ \rightleftarrows R-\overset{+}{O}\underset{H}{\overset{H}{\diagup}} \qquad (10.6)$$

H_3O^+ の名称はオキソニウムイオンであるが，RH_2O^+ はそのアルキル（またはアリール）誘導体に相当する．このイオンは水によく溶けるので，n-ブタノールのような水に溶けにくいアルコールでも強酸性の水にはよく溶ける．

10.3.3 脱水反応

アルコールを硫酸のような強酸と一緒に加熱すると，脱水が起こって二重結合が生じる．

$$\text{(反応式)} \qquad (10.7)$$

この反応は，式 (10.7) に示したように，ヒドロキシ基へのプロトンの付加という酸・塩基反応から始まる．生じたオキソニウムイオンから水分子が取れればカルボカチオンになり，さらにプロトンが取れれば二重結合ができる．どの段階も平衡反応であるから，脱水の逆反応で，アルケンからアルコールも合成できる．しかし，そのためにはアルケンのような弱い塩基にプロトンが付加できるような条件（例えば，高濃度の強酸が存在する）が必要となる．脱水反応の前後でプロトンの量には変化がないので，酸の役割は触媒である．これはＥ１脱離機構（9.3.4 項参照）になるので，反応の起こりやすさはカルボカチ

オンの安定性と一致して，第1級アルコール＜第2級アルコール＜第3級アルコールの順となる．第1級アルコールのときには，カルボカチオンは非常に生成しにくいだけでなく，生成しても式 (10.8) のようにより安定なカルボカチオンに転移してから二重結合ができることが多い．

$$CH_3CH_2\underset{\underset{}{\overset{|}{CH_3}}}{CH}CH_2OH \longrightarrow CH_3CH_2\underset{\underset{}{\overset{|}{CH_3}}}{C}=CH_2 + CH_3CH=\underset{\underset{}{\overset{|}{CH_3}}}{C}CH_3 \quad \text{主生成物} \quad (10.8)$$

$$\downarrow$$

$$CH_3CH_2\underset{\underset{H}{\overset{|}{\overset{CH_3}{|}}}}{\overset{\oplus}{C}}CH_2 \longrightarrow CH_3CH_2\underset{\overset{\oplus}{}}{\overset{\overset{CH_3}{|}}{C}}CH_3$$

10.3.4 ハロゲン化水素によるハロゲン化

$$\text{R-OH} + \text{HX} \longrightarrow \text{R-X} + H_2O \quad (10.9)$$
$$(\text{X=Cl,Br,I})$$

この反応でも，まずヒドロキシ基がプロトンと結合してオキソニウムイオンを生成する．第2級および第3級アルコールは，これから水が脱離してカルボカチオンを生じる S_N1 機構で進行する．カルボカチオンの不安定な第1級アルコールやメタノールは S_N2 機構になる．いずれの機構も酸触媒反応であるが，試薬自身が酸であるので，酸を加えることは本来必要ではない．塩化水素の場合はルイス酸の塩化亜鉛を加えることがある．しかし，第3級の t-ブチルアルコールは濃塩酸と混ぜて振るだけで塩化 t-ブチルに変わる．

フェノールではこの型の置換反応は起こらない．理由は，共鳴によりヒドロキシ基の塩基性が弱いこと (10.3.1 項参照) と，生じるカルボカチオンが安定でないためである．

10.3.5 エーテルの合成

エタノールを濃硫酸中で加熱するとジエチルエーテルが生成する．この反応をより高い温度で行うと生成物はエチレンになるが，後者の反応についてはすでに 10.3.3 項で述べた．条件からわかるように，エーテル生成反応の第1段階はやはり式 (10.6) に示したようにオキソニウムイオンの生成である．これ

に続く機構は，前項の反応のハロゲン化物イオンの代わりにアルコールが求核試薬として攻撃すると考えればよい（式 (10.10)）．

$$R\overset{+}{-}\overset{H}{\underset{H}{O}} + \overset{R}{\underset{H}{\ddot{O}}} \xrightarrow{-H_2O} R-\overset{+}{\underset{H}{O}}\overset{R}{} \xrightleftharpoons{-H^+} R_2O \tag{10.10}$$

10.3.6 酸化反応

$$RCH_2OH \xrightarrow{[O]} \underset{\text{アルデヒド}}{RCHO} \xrightarrow{[O]} \underset{\text{カルボン酸}}{RCOOH}$$

$$\underset{R^2}{\overset{R^1}{\diagdown}}CHOH \xrightarrow{[O]} \underset{R^2}{\overset{R^1}{\diagdown}}C=O \quad \text{ケトン} \tag{10.11}$$

$$R^1R^2R^3C-OH \xrightarrow{[O]} \text{反応しない}$$

この反応はヒドロキシ基と結合するアルキル基によって，生成物が変化する．第1級アルコールはまずアルデヒドに酸化され，酸化剤によってはさらにカルボン酸になる．第2級アルコールはケトンを生成する．第3級アルコールは酸化を受けない．アルコールの酸化反応はヒドロキシ基の水素とそれが結合する炭素上の水素を引き抜いてC=O二重結合を作る反応なので，アルキル基による違いは，つまるところヒドロキシ基と結合する炭素（α-炭素という）がもっている水素原子の数の問題である．この反応の違いはアルコールの型を知るのに利用できる．

10.4 アルコールの合成

(1) アルケンから

$$CH_2=CHCH_3 \xrightarrow{H_2SO_4, H_2O} CH_3CH(OH)CH_3 \quad \text{イソプロピルアルコール}$$

$$(CH_3)_2C=CH_2 \xrightarrow{H_2SO_4, H_2O} (CH_3)_3CHOH \quad t\text{-ブチルアルコール} \tag{10.12}$$

4.5節でも述べたように，反応生成物はマルコウニコフ則にしたがう．

(2) ハロゲン化合物の加水分解（9.3.2項参照）

$$\text{R—X} + \text{OH}^- \longrightarrow \underset{\text{アルコール}}{\text{R—OH}} + \text{X}^- \qquad (10.13)$$

(3) グリニャール反応（9.3.4 参照）

$$\diagup\!\!\!\diagdown\!\!\text{C=O} + \text{RMgX} \longrightarrow \underset{R}{\overset{OMgX}{\diagup\!\!\!\text{C}\!\!\diagdown}} \xrightarrow{\text{H}_2\text{O}} \underset{R}{\overset{OH}{\diagup\!\!\!\text{C}\!\!\diagdown}} \qquad (10.14)$$

アルデヒド，ケトン，あるいはエステルのような C＝O 結合をもった化合物にグリニャール試薬を反応させると，アルコールが得られる．

(4) カルボニル化合物の還元

$$\diagup\!\!\!\diagdown\!\!\text{C=O} \xrightarrow[\text{または NaBH}_4]{\text{LiAlH}_4} \diagup\!\!\!\diagdown\!\!\text{CH·OH} \qquad (10.15)$$

カルボニル化合物とエステルは水素化リチウムアルミニウム LiAlH_4 により，またカルボニル化合物は水素化ホウ素ナトリウム（正しい名称はテトラヒドロホウ酸ナトリウム）NaBH_4 により，アルコールに還元される．これらの還元試薬は高価であるが収率がよいので，実験室ではよく利用される．

(5) メタノールの工業的合成法

$$\text{C≡O} + 2\text{H}_2 \xrightarrow{\text{触媒}} \text{CH}_3\text{OH} \qquad (10.16)$$

炭素原子1個のアルコールであるメタノールだけは一酸化炭素と水素を高温・高圧下で反応させる，という無機化合物からの合成法による．この反応は一酸化炭素への水素添加反応とみなすこともできる．

(6) フェノールのクメン法による合成

フェノールは工業原料として多量に合成されるが，合成法は常に経済的な方法へと移っていく．現在は石油化学製品であるクメン（ベンゼンをプロピレンでアルキル化して得られる）を原料とするクメン法が主流である．

式（10.17）に示したように，クメンはアルカリ性の条件で酸素と反応して過酸化物（ヒドロペロキシド）を生成する．この化合物は酸によりプロトン付加を受けて簡単に分解し，同時にフェニル基が転移してカルボカチオンに変化

するが，さらに水と反応してアセトンとフェノールを生じる．1つの反応で2種の有用な化合物が得られるので一挙両得の反応にみえるが，両方の化合物の需要が常にそろって好調とは限らず，一方の需要が減って生産過剰となることもあるので手放しで喜ぶわけにはいかない．

$$\text{Ph·CH}\begin{smallmatrix}CH_3\\CH_3\end{smallmatrix} \xrightarrow[OH^-]{O_2} \text{Ph-}\underset{CH_3}{\overset{CH_3}{C}}\text{-O-OH} \xrightarrow{H^+} \text{Ph-}\underset{CH_3}{\overset{CH_3}{C}}\text{-O-OH}_2^{\oplus} \xrightarrow{-H_2O} \text{Ph-}\underset{CH_3}{\overset{CH_3}{C}}\text{-O}^{\oplus}$$
クメン　　　　　　　ヒドロペロキシド

$$\longrightarrow \underset{CH_3}{\overset{CH_3}{\oplus C}}\text{-O-Ph} \xrightarrow{H_2O} \underset{\underset{O}{\parallel}}{CH_3\text{-}C\text{-}CH_3} + \text{Ph-OH}$$
　　　　　　　　　　　　　　　　アセトン　　　フェノール

(10.17)

ヒドロキシ基の味

　アルカノールのなかでただ1種，人間にとって無害なアルコールはエタノールである．いや，無害ではないという人もいるけれど，これは「酔う」という現象に伴うもので，ふつうの意味の毒性とは異なる．もっとも，エタノールが全く飲めないという人もいるが，これはエタノールが体内に入ってアセトアルデヒド，酢酸と進む2段階の代謝を受ける際，酢酸への酸化酵素がないために有毒なアルデヒドが蓄積されて中毒症状を起こしてしまうことに原因がある．日本人にはヨーロッパ系の人間にくらべてこの酵素をもたないか，あるいは酵素の活性が弱い人の割合が多いという統計結果があるから，お酒が飲めないという人に無理強いをすることは危険な行為である．エタノールの不足した時代に，メタノールを混ぜたものが売られたことがある（もちろん違法である）が，メタノールが酸化されて生じるホルムアルデヒドは猛毒で，これを飲んで失明した人も出た．

　アルコールも2価，3価とヒドロキシ基の数が増えてくると，甘みを示すようになってくる．例えば，エチレングリコールやグリセリン（構造は10.1.1項参照）はどちらも甘い．ただし，どちらも有毒なので甘味料としては使えない．さらにヒドロキシ基の数が増えると糖の仲間が現れる．グルコース，フルクトースあるいはこの2つが結合したスクロース（砂糖）など，いずれも甘味料として代表的な化合物で，ヒドロキシ基の数は5個あるいは8個と多い．糖にはカルボニ

ル基も含まれているが,おそらく甘みの主役は数の多いヒドロキシ基であろう.そういえば,最近,チュウインガムの甘みとして宣伝されているキシリトール($HOCH_2CH(OH)CH(OH)CH(OH)CH_2OH$)も,ヒドロキシ5個の多価アルコールである.

【演習問題】

10.1 炭素数4の飽和アルコールには図10.1に示した3種のほかにもう1つの異性体がある.その構造を示し,①,②の命名法による名称を記せ.

10.2 示性式 C_4H_9OH,$C_5H_{11}OH$ で表されるアルコールの中で,光学活性なものがあれば構造式(鏡像異性体のどちらでもよい)をフィッシャー投影で記し,その構造を R, S を付して命名せよ.

10.3 n-アルキルアルコールの沸点はメチル<エチル<n-プロピル<n-ブチル<n-ペンチルアルコールの順に高くなる.この理由を説明せよ.

10.4 エタノールとフェノールの塩基としての強さはどちらが大きいか.

10.5 式 (10.8) で主生成物が 2-メチル-1-ブテンではなく 2-メチル-2-ブテンとなるのはなぜか.

10.6 酸を用いたアルコールの脱水に際し,オキソニウムイオンが水となって脱離すると同時に,プロトンが取れるような E2 機構の反応が起こらないのはなぜか.

10.7 フェノールと濃硫酸を加熱してもジフェニルエーテル $C_6H_5OC_6H_5$ が生成しないのはなぜか.

10.8 クメン法によるフェノールの合成で,プロトン付加を受けたヒドロペロキシドから水が脱離した後,フェニル基が転移してカルボカチオンとなる理由を考えよ.

11

エーテル

エーテルはアルコールまたはフェノールのヒドロキシ基の水素をアルキル基あるいはアリール基で置換した化合物である．あるいは，水の2個の水素原子を炭化水素基で置換した化合物とみなすこともできる．またアルコールにはない型の構造として，環構造のエーテルがある．

11.1 エーテルの名称

鎖状エーテルの命名法には次の2つがある．
(1) 酸素に結合する2つの炭化水素基名にエーテルをつける（基官能名）
　　CH_3-O-$CH_2CH_2CH_3$　メチルプロピルエーテル（methyl propyl ether）
　　C_2H_5-O-C_2H_5　ジエチルエーテル（エチルエーテル）（diethyl ether）
炭化水素基名が英語名のアルファベット順になることはほかの置換基の場合と同様である．2個の同じ基が結合する場合は，例に示したように「ジエチルエーテル」の「ジ」を省略して「エチルエーテル」といってもよい．
(2) RO を置換基として命名する方法（置換名）
　RO の一般名はアルコキシ基*，ArO の一般名はアリールオキシ基であるが，個々の基の名称は次のようになる（表11.1）．

　　*：これまではアルコキシル基と呼ばれていたが，1993年改訂 IUPAC 命名法によりアルコキシとなり，アルコキシルは遊離基の名称としてのみ使われることになった．

表11.1　RO基の名称

CH₃O	C₂H₅O	C₃H₇O	C₄H₉O	C₅H₁₁O	C₆H₅O
メトキシ	エトキシ	プロポキシ	ブトキシ	ペンチルオキシ[a]	フェノキシ

a：炭素数5以上はアルキル基名＋オキシとなる．

この命名法によると，(1) に例示した2つの化合物の名称は次のようになる．

　　$CH_3-O-CH_2CH_2CH_3$　1-メトキシプロパン（methoxypropane）

　　$C_2H_5-O-C_2H_5$　エトキシエタン（ethoxyethane）

芳香族のエーテルには慣用名の使用が認められているものもある．

　　$C_6H_5-O-CH_3$　メチルフェニルエーテル　（基官能名）

　　　　　　　　　メトキシベンゼン　（置換名）

　　　　　　　　　アニソール（anisole）（慣用名）

(3)　環状エーテル

炭素鎖の中の隣り合った2個の炭素原子と酸素が結合した場合（酸素を含む三員環）は，接頭語エポキシをつけて命名する．

酸素を含む環には員数に応じてそれぞれ名前があり，オキシラン（三員環），オキセタン（四員環），オキソラン（五員環），オキサン（六員環）などという．溶媒として比較的よく使われる2つの化合物を下に示しておく．

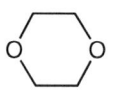

　　　テトラヒドロフラン　　　　ジオキサン

11.2　物理的性質

11.2.1　沸　　点

アルコールのヒドロキシ基の水素を炭化水素基に変えることは，水素結合に必要な水素を失うことになる．したがって，水素結合という最も強力な分子間力がなくなるので沸点は低くなる（表11.2）．

表11.2 エーテルとアルコールの沸点の比較

エーテル	沸点/℃	アルコール	沸点/℃
CH_3-O-CH_3	−24.8	CH_3CH_2OH	78.3
$CH_3-O-CH_2CH_3$	7.0	$CH_3CH_2CH_2OH$	97.2
$CH_3CH_2-O-CH_2CH_3$	34.6	$CH_3CH_2CH_2CH_2OH$	118.0

11.2.2 水に対する溶解度

水の水素原子の1つを炭化水素基に置換するとアルコールになり,残りの1つをさらに置換するとエーテルになる.炭化水素基は疎水性の基であるから,水に対する溶解度もエーテルの方がアルコールより劣る.ただし,エーテルに含まれる炭素数で考えるとそれほど大きな差にはならない.ジメチルエーテル(室温で気体)は1体積の水に37体積溶けるだけで溶解度は無限大ではないが,ジエチルエーテルの溶解度は25℃で6%程度であり,この値は炭素4個からなる1-ブタノールの7%とあまり違わない.エチルエーテルは水に溶けないという印象をもっている人は多いと思うが,それはエタノールと比較するからで,エーテル結合-O-もヒドロキシ基には劣るものの,ある程度親水性であることがわかる.

面白いことに,さきに示した2つの環状エーテルは,どれも水とどんな割合でも混ざりあう.溶解度を決定する要素は単純に炭素の数だけでなく,鎖状か環状かといったことも影響するようである.

11.2.3 エーテルの溶媒和

エーテルは溶媒としてさまざまな化合物に用いられるが,9.3.5項でも述べたように,特にグリニャール試薬の溶媒としてよく使われてきた.現在ではエチルエーテル以外にテトラヒドロフランのような溶媒も使われるが,いずれもエーテル結合をもっていることに違いはない.エーテル結合がグリニャール試薬の溶媒としてすぐれているのは,酸素原子が金属のマグネシウムに配位するようなかたちで取り囲んで,金属という有機溶媒になじみにくい元素を含むこの試薬を溶けやすくしていることにある.この相互作用(エーテルによる溶媒和)の主役は酸素原子のもつ非共有電子対である(図11.1).

非共有電子対のやりとりに着目すると,これはエーテルの酸素原子を塩基

に，マグネシウムを酸とする酸・塩基型の相互作用とみなすことができる．

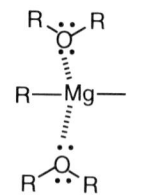

図11.1 グリニャール試薬のマグネシウムに対するエーテルの溶媒和

クラウンエーテル

　この，エーテル結合のもつ塩基としての溶媒和をより強力にした化合物が，環状ポリエーテルである（図11.2）．

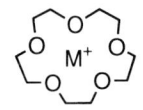

15-クラウン-5　　　　18-クラウン-6

図11.2 環状ポリエーテル（クラウンエーテル）の例

　これらの化合物の構造は，突起の先に宝石（酸素原子が相当する）を飾った王冠に見立ててクラウンエーテルと呼ばれている．このような構造のポリエーテルは環の内側に陽イオンを取り込むことができるので，普通なら有機溶媒に溶けない無機塩もポリエーテルが共存すると溶けるようになる．例えば，過マンガン酸カリウムは18-クラウン-6にカリウムイオンが取り込まれることによって，この環状ポリエーテルを含むベンゼンには少量ではあるが溶けるので，ベンゼンは過マンガン酸イオンの存在を示す赤紫色になる．陽イオンに配位するクラウンエーテルは必ずしも1個とは限らない．取り込む陽イオンに対してもその空洞の大きさに見合うイオン半径をもったものが最も取り込まれやすく，アルカリ金属のイオンについて比較すると，15-クラウン-5はナトリウムイオン，18-クラウン-6はより大きなカリウムイオンを最も取り込みやすい．また，この相互作用の原因は非共有電子対の存在にあるので，窒素原子を含む環状化合物も同じような作用をする．

11.3 化学的性質

11.3.1 塩基性―酸に対する溶解度

アルコールと同様に,エーテルの酸素原子にも2組の非共有電子対があり,ルイス塩基として作用する.したがって,濃硫酸や濃塩酸のような強酸の水溶液中では式 (11.1) のようにオキソニウムイオンとなってよく溶ける.エーテルはアルコールと違って活性な水素をもたないので,水やアルコールでは分解してしまう三フッ化ホウ素 BF_3 や塩化アルミニウム $AlCl_3$ のようなルイス酸もエーテルには分解せずによく溶ける(式 (11.2),(11.3)).特に三フッ化ホウ素―エチルエーテルの組合せは安定で,加熱しても分解せず,そのまま蒸留できるほどである.

$$R_2O + H^+ \longrightarrow R_2O^+\!\!-\!\!H \quad \text{オキソニウムイオン} \quad (11.1)$$

$$R_2O + BF_3 \longrightarrow R_2O^+ BF_3^- \quad (11.2)$$

$$R_2O + AlCl_3 \longrightarrow R_2O^+ AlCl_3^- \quad (11.3)$$

カルボカチオンの安定性 (4.5.2 項) でも述べたように,炭化水素基は水素原子よりもカチオンを安定化させる効果が大きい.別の言い方をすれば,エーテルの塩基性は相当するアルコールよりも大きい.

エーテルは多くの有機化合物を溶かすことができ,しかも沸点が低く簡単に除くことができるので,便利な抽出溶媒として使われる.ただし,水に対する溶解度はゼロではないので,水から抽出する際にはエーテルの一部が水の側に溶けてなくなることに注意する必要がある.特に酸性の水から抽出(カルボン酸のような酸性物質の抽出ではこの条件になることが多い)する場合は,かなりの量が水に溶けて失われてしまう.それと同時に,エーテル層には目的の有機物だけでなく無機の酸も抽出されてくるので,抽出後の処理ではこのことに注意する必要がある*.

*:例えば,エーテルを溶かした酸性水溶液を中和すると,中和熱でエーテルの一部が気体となって遊離してくる.このような操作を火気の側で行うのは非常に危険である.

11.3.2 酸による開裂

エーテルの酸素にプロトンが配位したオキソニウムイオンは，アルコールからエーテルが生成するときに生じるイオンと同じ型の構造をしている（式(10.10)参照）．その構造は，アルコールから生じるオキソニウムイオンと比べても，炭化水素基が1個多いか少ないかの違いでしかない．アルコールからのオキソニウムイオンにアルコールが反応したように，エーテルからのオキソニウムイオン（塩基性からみて，こちらのイオンの方が安定である）にも，強力な求核試薬が作用すればエーテル結合が切れることもありうる．

実際にこの変化は，ヨウ化水素酸のような強酸を作用させることにより実現できる（式(11.4)）．

$$RCH_2\text{-}O\text{-}CH_2R + 3HI \longrightarrow 2RCH_2I + H_3O^+ I^-$$

$$\text{C}_6\text{H}_5\text{-}OCH_3 + HI \longrightarrow \text{C}_6\text{H}_5\text{-}OH + CH_3I \tag{11.4}$$

アニソールのような芳香族エーテルも同じように反応する．これを利用して，芳香族では，活性なヒドロキシ基をいったん不活性なエーテルに変え，必要な反応を行った後に，この方法で保護基を外してフェノールを再生するという合成法がある．

11.3.3 過酸化物の生成

エーテルは長い間空気にふれていると，酸素分子を取り込んで過酸化物と呼ばれる化合物を生じる．これらは過酸化水素 H–O–O–H の誘導体に相当する構造をしていて，不安定で分解しやすい（図11.3）．

このような過酸化物がかなり含まれていることを知らずにエチルエーテルを蒸留すると，先に沸点の低いエーテルが留出し，後に沸点の高い過酸化物が濃縮されて残るとともに，残った液の温度が上昇する．過酸化物は加熱により急

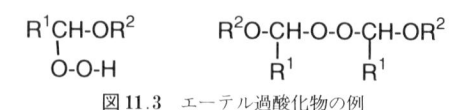

$$R^1CH\text{-}OR^2 \qquad R^2O\text{-}CH\text{-}O\text{-}O\text{-}CH\text{-}OR^2$$
$$\phantom{R^1CH\text{-}}O\text{-}O\text{-}H \qquad \phantom{R^2O\text{-}CH\text{-}O\text{-}O\text{-}}R^1 \phantom{\text{-}O\text{-}CH\text{-}OR^2}R^1$$

図11.3 エーテル過酸化物の例

速に分解し，しかも分解は発熱反応なので，何らかのきっかけで分解が始まると，後は爆発的な反応になり，ガラス製の蒸留装置が粉々になって飛び散ってしまうこともある．したがって，長い間空気と接触していた可能性のあるエーテルは絶対にそのまま蒸留してはならない．使わないのが一番であるが，どうしても使わざるを得ないときは，鉄(II) イオンやヨウ化物イオンのような還元剤を含む水とよく振って，過酸化物を除いてから蒸留する*．

＊：大学などにある実験廃液の処理施設でも，エーテル類の処理は受けつけてもらえない．廃エーテルがたまったら，安全な場所を選び自分で焼却するしかない．エーテルが燃えても，幸いなことに，水と二酸化炭素になるだけで，すすは出ない．

なお市販されているエーテル類には，過酸化物ができないよう，微量のフェノール誘導体が添加されていて，レッテルにはそのことが記されている．もしそのような添加物の存在がじゃまになる場合は，薄いアルカリ水溶液と振って除けばよい．また除くつもりがなくても，単に蒸留しただけでも酸化防止剤は失われてしてしまう．したがって，そのような処理を行ったエーテルの容器には，そのことが誰の目にもわかるように注意書きを貼り，できるだけ早く使いきることが望ましい．

11.4　エーテルの合成

(1)　アルコールから

アルコールから生じるオキソニウムイオンにプロトンと結合していないアルコールが求核試薬として作用する反応である（10.3.3項参照）．

(2)　ハロゲン化合物からの合成（Williamson）の合成

ナトリウムのアルコキシドあるいはフェノキシドにヨウ化アルキルを反応させると，相当するエーテルが生成する（式 (11.5)）．

$$R^1\text{-ONa}(Ph\text{-ONa}) + R^2\text{-I} \longrightarrow R^1\text{-OR}^2(Ph\text{-OR}^2) + NaI$$

$$R^1\text{-O}^- \quad R^2\text{-I} \longrightarrow R^1\text{-O-R}^2 + I^-$$

(11.5)

この反応はハロゲン化合物に対する典型的な求核置換反応である．したがって，ハロゲンの中で最も活性の高いヨウ素化合物が使われることが多い．

この方法を使えば,非対称なエーテルが合成できる.

【演習問題】

11.1 エチルエーテルは水にわずかに溶けるが,エーテルもまた水をわずかではあるが溶かす(グリニャール反応ではこの水を完全に除く必要がある).エーテルに溶けた水はエーテルとどのような相互作用をしているか.

11.2 クラウンエーテルの水に対する溶解度を予想せよ.

11.3 カルボン酸を水から抽出する際には,まず水に硫酸あるいは塩酸を加えて酸性とした後,エチルエーテルで抽出する.エーテル抽出液からカルボン酸を取り出すには,普通,炭酸水素ナトリウム水溶液を加えて分液漏斗中で振る.この際,炭酸水素ナトリウム水溶液を加えていきなり激しく振ってはならないとされている.これはなぜか.(ヒント:11.3.1項中の註を参照せよ)

11.4 アニソールとヨウ化水素酸の反応では,フェノールとヨウ化メチルが生成物となり,ヨードベンゼンとメタノールとはならない.この理由を説明せよ.(ヒント:開裂する可能性のある2つのC-O結合の強さを比較せよ)

11.5 t-ブチルメチルエーテルを合成する目的で,臭化 t-ブチルとナトリウムメキシドを反応させたところ(式 (11.6)),目的のエーテルは得られず別の化合物が生成した.

$$(CH_3)_3C\text{-}Br + NaOCH_3 \longrightarrow ? \qquad (11.6)$$

この反応で何が起こったのだろうか.また,目的のエーテルを合成するにはどうすればよいだろうか.(ヒント:9.3.4項参照)

11.6 環状エーテルでも,三員環(オキシラン)や四員環(オキセタン)はグリニャール試薬と反応してしまうので,溶媒として使えない.なぜ反応してしまうのだろうか.

12

カルボニル化合物—アルデヒドとケトン

　カルボニル化合物とは炭素-酸素二重結合 C=O（カルボニル基）をもった化合物の総称である．さらに分類すればアルデヒドとケトンに分けられるが，共通する性質が多いので，この章でまとめて扱う．カルボニル化合物は，有機化合物の中でも群を抜いて多彩な反応を示す化合物群で，人名を冠した反応は官能基の中では最も多い．しかし，それらを反応の機構の面から眺めると，カルボニル化合物の少数の基本的な性質を理解していれば，説明ができるものがほとんどである．

12.1　カルボニル化合物の命名法

12.1.1　アルデヒドの命名法

　アルデヒドはカルボニル基と結合する2個の基のうち，少なくとも一方が水素原子の化合物，すなわちホルミル基 CHO（高校の教科書ではしばしば「アルデヒド基」と称しているが，これは命名法のうえでは正式名称ではない）をもつ化合物の総称である．やむを得ない場合はホルミルという置換基名を使うが，できるだけ次に示すような命名法を採用する．

　(1)　接尾語 al（アール）をつける
　　　$CH_3CH_2CH(CH_3)CHO$　　　2-メチルブタナール
　　　$OHCCH_2CH_2CH=CHCHO$　　2-ヘキセンジアール

位置番号はホルミル基の炭素が1位となる．ホルミル基が2個ある場合も，その2個を両端にもった炭素鎖が主鎖となる．

(2) 慣用名

相当するカルボン酸の慣用名（翻訳名ではなく字訳名）の語尾を aldehyde（アルデヒド）に変える．

HCOOH ギ酸（form**ic acid**）
⟶ HCHO ホルムアルデヒド（form**aldehyde**）

CH_3COOH 酢酸（ace**tic acid**）
⟶ CH_3CHO アセトアルデヒド（acet**aldehyde**）

PhCOOH 安息香酸（benz**oic acid**）
⟶ PhCHO ベンズアルデヒド（benz**aldehyde**）

$HOOCCH_2CH_2COOH$ コハク酸（succin**ic acid**）
⟶ $OHCCH_2CH_2CHO$ スクシンアルデヒド（succin**aldehyde**）

上の例でわかるように，カルボン酸の語尾の-ic acid あるいは-oic acid を aldehyde に置き換えればよい．また，環に直接結合したホルミル基をもつ化合物は接尾語カルバルデヒド carbaldehyde を用いて命名できる．

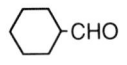

シクロヘキサンカルバルデヒド
cyclohexane**carbaldehyde**

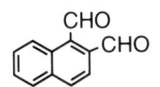

1,2-ナフタレンジカルバルデヒド
1,2-naphthalene**dicalbaldehyde**

12.1.2 ケトンの命名法

カルボニル基の置換基名はオキソであるが，できるだけ次に示すような命名法を採用するほうがよい．

(1) 語尾に one（オン）をつける

$CH_2=CHCH_2COCH_3$ 4-ペンテン-2-オン

（位置番号は二重結合よりカルボニル基が優先）

$CH_3COCH_2COCH_3$ 2,4-ペンタンジオン（慣用名アセチルアセトン）

(2) 慣用名の認められている化合物

CH₃COCH₃　アセトン

(3)　基官能名

カルボニル基に結合する 2 つの炭化水素基名を並べ，最後にケトンをつける．

CH₃COCH₂CH₃　エチルメチルケトン（2-ブタノン）

(4)　ベンゼンおよびナフタレンにカルボニル基が結合したケトン

ベンゼンおよびナフタレンに RCO 基が直接結合した化合物は，RCO 基（一般名，アシル基）に相当するカルボン酸の名称の語尾を ophenone（オフェノン）および onaphthoone（オナフトン）に変えて命名する．

PhCOCH₃　アセトフェノン（acet**ophenone**）
PhCOPh　ベンゾフェノン（benz**ophenone**）

12.2　物理的性質

12.2.1　水 素 結 合

カルボニル化合物間では水素結合を形成しないが，酸素原子には非共有電子対があり，これが水素受容体として作用することが可能である．したがって，カルボニル基は親水基であり，アセトンやアセトアルデヒドは水にどんな割合でも溶ける．ホルムアルデヒドは 55％ までしか溶けない．ホルマリンは 40％ の水溶液であるが，これには重合を防ぐためにメタノールが添加してある．

カルボニル基が水素受容体となるよい例は，物理化学の教科書の多くに典型的な非理想溶液の例として取り上げられているアセトン-クロロホルム溶液である．どちらの成分もそれ自身では水素結合を形成しないが，混合によって水素結合を形成するため，多量の混合熱を発生する．このことは，試験管中で両者を混合すると試験管が温まることで判断できる．試験管に温度計を入れておけば，かなり温度が上昇するのが観測できる．非理想溶液となるのは，この強い分子間力のためである．

$$\diagdown\!\!\diagup\!\mathrm{C}\!=\!\mathrm{O}\cdots\cdots\mathrm{H}\text{-}\mathrm{CCl}_3 \qquad (12.1)$$

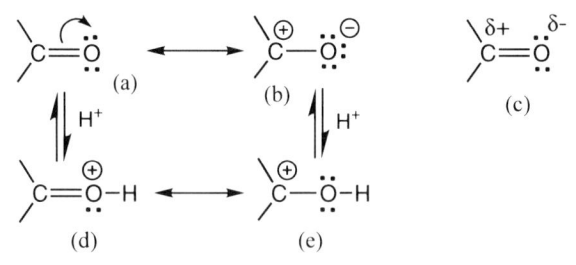

図12.1 カルボニル基とそのプロトン付加体における共鳴

12.2.2 極　性

　炭素と酸素の電気陰性度にはかなりの差があるので，炭素-酸素結合は極性をもつ．これは，アルコールやエーテルと共通した現象で，いずれに属する分子も極性をもつが，カルボニル化合物がこの2つの化合物と異なっているのは，炭素-酸素結合が2重結合からなっていることである．すなわち，動きやすい π 電子をもっていることである．これを共鳴構造を使って表すと図12.1の(a), (b)のように表現できる．あるいは，両者を平均化した構造として(c)のような表現も可能である．したがって，炭素-酸素単結合よりも分極は大きく，C-Oの結合モーメント0.86 Dに対してC=Oの結合モーメントは2.40 Dという報告がある（単位Dについては9.2.1項参照）．

　このように，カルボニル二重結合には電荷の偏りがあり，さらに電荷をもった試薬が近づくとこの二重結合は大きく分極することが予想できる．この性質は後で述べる化学的性質に非常に重要な効果をもたらす．

12.2.3　二重結合との共役

　π 電子をもった炭素-酸素二重結合は，炭素-炭素二重結合と隣り合わせになれば両者の π 電子系が重なり合うことにより共役することができる．

　その証拠の1つとして，炭素数の同じプロピオンアルデヒドとアクリルアルデヒドの双極子モーメントをあげることができる（図12.2）．

　電荷の分離した共鳴構造を比較すると，プロピオンアルデヒドでは1種類しか書けないのに，アクリルアルデヒドにはC=C結合を通して2つの電荷が両末端に分離した構造が書ける．アクリルアルデヒドではこの共鳴構造が寄与し

CH₃CH₂CHO   CH₂=CHCHO

プロピオンアルデヒド　アクリルアルデヒド
(μ = 2.7D)　　(μ = 3.0D)

図 12.2 2種のアルデヒドの双極子モーメント

ている分だけ2つの電荷の間隔は長く，双極子モーメントは大きくなる（1.3.2項参照）．

12.3 化学的性質

12.3.1 塩基性

　アルコールやエーテルとならんで，カルボニル酸素原子の非共有電子対もプロトンと結合を作る（図12.1参照）．すなわち，弱い塩基性を示す．カルボニル基の場合は π 電子があるために，プロトンが付加した構造も共鳴で表すことができる（図12.1の (d), (e)）．あるいは見方を変えて，この共鳴構造の1つ (e) は，カルボニル基自身の共鳴構造の1つ (b) に直接プロトンが結合したと考えてもよい．いずれにしても，正電荷が酸素原子上だけでなく炭素原子上にも広がるので，このイオン構造は単純なオキソニウムイオンよりも安定である．

　共鳴構造は実在する構造ではないので，カルボニル基の構造として (a) と (b) のどちらが正しいという区別はなく，どちらを採用してもよい．反応の中間体としてプロトンの付加したイオンを生じるときには，むしろ (e) の構造から始める方が煩雑にならずにすむこともある．

　カルボニル基が塩基性をもつことが反応において重要になるのは，プロトンの付加によってカルボニル炭素がより大きな正電荷を帯びることにある．言いかえると，この炭素原子は強いルイス酸として作用することが可能で，求核試薬の攻撃をただのカルボニル基よりもさらに容易に受けられるようになる．

12.3.2 求核試薬との反応

　カルボニル化合物は様々な求核性をもった分子やイオンと反応する．代表的な反応例を式 (12.2) から (12.5) に示した．

$$\underset{R^2}{\overset{R^1}{>}}C=O \ + \ H-C\equiv N \ \underset{}{\overset{CN^-}{\rightleftarrows}} \ \underset{R^2}{\overset{R^1}{>}}C\underset{CN}{\overset{OH}{<}} \qquad \text{シアノヒドリン} \quad (12.2)$$

$$\underset{R^2}{\overset{R^1}{>}}C=O \ + \ R^3-MgX \ \longrightarrow \ \underset{R^2}{\overset{R^1}{>}}C\underset{R^3}{\overset{OMgX}{<}} \ \xrightarrow{H_2O} \ \underset{R^2}{\overset{R^1}{>}}C\underset{R^3}{\overset{OH}{<}} \quad (12.3)$$

$$\underset{R^2}{\overset{R^1}{>}}C=O \ + \ H_2N-R^3 \ \underset{}{\overset{H^+}{\rightleftarrows}} \ \left[\underset{R^2}{\overset{R^1}{>}}C\underset{HN-R^3}{\overset{OH}{<}}\right] \longrightarrow \underset{R^2}{\overset{R^1}{>}}C=N_{R^3}$$

シッフ塩基, オキシム, ヒドラゾン等
(12.4)

$$\underset{R^2}{\overset{R^1}{>}}C=O \ + \ HO-R^3 \ \underset{}{\overset{H^+}{\rightleftarrows}} \ \underset{R^2}{\overset{R^1}{>}}C\underset{OR^3}{\overset{OH}{<}} \ \underset{}{\overset{H^+, R^3OH}{\rightleftarrows}} \ \underset{R^2}{\overset{R^1}{>}}C\underset{OR^3}{\overset{OR^3}{<}}$$

ヘミアセタール   アセタール
(12.5)

式 (12.2) はかたちのうえではシアン化水素の付加反応のようになっているが，反応の機構はまず触媒として加えたシアン化物イオンが正電荷を帯びたカルボニル炭素に結合し，次いで負電荷をもった酸素にシアン化水素のプロトンが結合すると同時にシアン化物イオンが生じる，という順序で進行する．

式 (12.3) はグリニャール反応である．金属元素であるマグネシウムは電気陰性度が炭素よりも小さく，C-Mg 結合は炭素が負，マグネシウムが正に分極している．したがって，この化合物がカルボニル基と結合するときは，炭素-炭素結合が生成する（式 (12.6)）．

$$\underset{\delta+}{\overset{\delta-}{>}}C=\overset{..}{\underset{..}{O}} \ + \ \underset{C\delta-}{\overset{\delta+\ MgX}{|}} \longrightarrow \underset{R^2}{\overset{R^1}{>}}C\underset{R^3}{\overset{OMgX}{<}} \quad (12.6)$$

アミンとの反応も，カルボニル化合物の特徴といってよい反応である．この反応では普通塩酸のような強酸を微量，触媒として加える*．したがって，実際にアミンと反応するのは図 12.1 の (e) を考えればよい．式 (12.4) に示し

た第1段階の生成物はこの付加物からプロトンが取れた化合物である．この化合物は不安定で単離できないので［　］で囲ってある．実際に生成物として得られるのは，その脱水によりC＝N結合をもった化合物である．

> ＊：アミンは有機化合物の中では強い塩基なので，触媒として加えるプロトンがすべてアミンと結合してしまうと心配するかもしれないが，アミンの塩基性はカルボニル基と比較してそれほど強くはない．水酸化物イオンのような強塩基とはその点が異なる．

カルボニル化合物は融点が低いものが多い．有機化合物の構造確認の手段の1つとして融点測定があるが，液体にはこの方法が使えないので不便である．そこで，化合物自身の融点の代わりに，固体になりやすい誘導体を合成してその融点を利用することがよく行われる．図12.3に示したオキシムやヒドラゾンはそのような目的にかなった，高融点を示す代表的な誘導体である．

アルコールとの反応も代表的な反応の1つである．この反応には酸触媒（プロトン）の存在が不可欠である．プロトンの役割を追いながらこの反応の機構を考えてみよう．

プロトンとカルボニル基という組合せから生じるのは，すでに図12.1に示したイオン(e)（または(d)）である（図12.4の平衡(A)）．このようなカルボカチオンの周囲に塩基として作用できるアルコールが存在すると，その酸素は正電荷をもった炭素と配位型の共有結合をつくり（平衡(B)），正電荷は酸

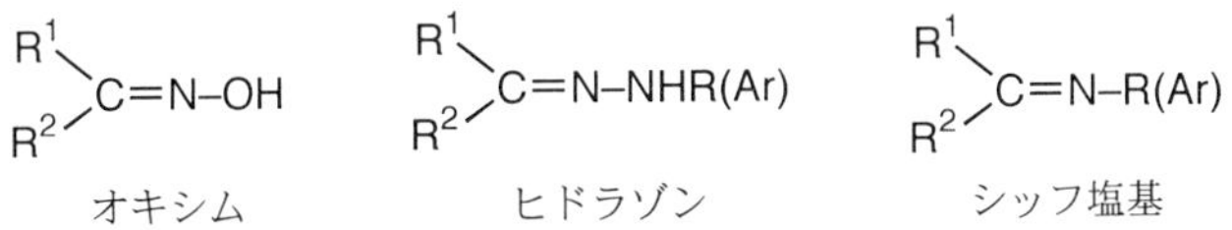

$R^1R^2C=N-OH$　オキシム　　$R^1R^2C=N-NHR(Ar)$　ヒドラゾン　　$R^1R^2C=N-R(Ar)$　シッフ塩基

図12.3　カルボニル化合物とアミノ基をもった化合物との反応生成物

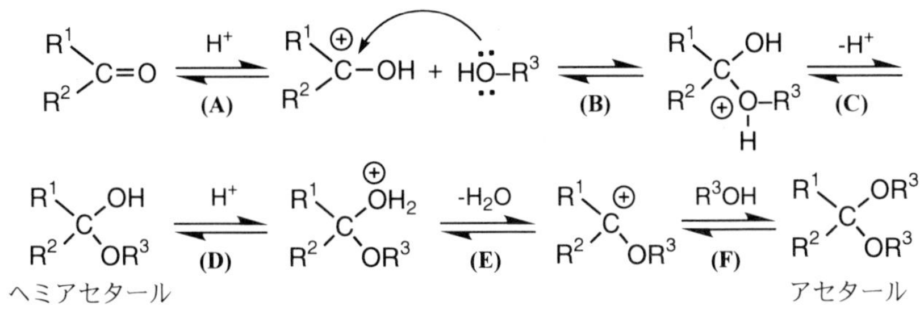

図12.4　アセタールの生成機構

素原子上に移る（オキソニウムイオンになる）．これからプロトンが脱離すればヘミアセタールとなる（平衡(C)）．ヘミアセタールはヒドロキシ基とエーテル結合をもっているが，ヒドロキシ基にプロトンが付加すると新しいオキソニウムイオンが生じる（平衡(D)）（エーテル結合にプロトンが付加してオキソニウムイオンが生じる過程は，平衡反応がもとに戻るだけで新化合物を生成する方向ではない）．このオキソニウムイオンから水が脱離するとカルボカチオンが生じ（平衡(E)），平衡(B)と同じように再びアルコールと結合し，さらにプロトンを放出して最終生成物のアセタールになる（平衡(F)）．

この反応は出発点から最終生成物までどの段階も平衡で成り立っている．したがって，一定量のカルボニル化合物に対してはアルコールの量が多ければ多いほど反応はアセタール生成に有利になる．また平衡(E)で水が脱離するので，この水が反応系から除去できればアセタールの生成に有利である．逆に，水が多量にあると，反応は反対方向に進んでアセタールは原料に戻ってしまう．アセタールはカルボニル基を反応から守るグループ（保護基）として使われる．例えば，アセタールのエーテル結合はグリニャール試薬とは反応しない．反応が終わった段階で，酸触媒の存在で加水分解すれば再びカルボニル基に戻すことができる．

アセタール生成反応のもう1つの特徴は，酸・塩基反応が主要な段階のほとんどに含まれていることである．有機反応では酸や塩基が触媒として使われることが非常に多いが，この反応は酸触媒反応の代表的な例といえよう．

12.3.3 エノールの存在―互変異性

カルボニル基に結合する炭素原子が水素をもっていると，ケト形と呼ばれる普通の構造のほかに，一部はエノール形と呼ばれる異性体の構造でも存在する．エノールという名称は，二重結合とアルコールを表す2つの語尾 ene と ol を組み合わせた言葉（ene＋ol＝enol）である．しかしその割合はふつうのアルデヒドやケトンでは ppm のオーダーであるので，その存在はほとんど問題にならない．しかし例外もあり，アセチルアセトンではエノールの割合の方が多い（式(12.8)）．つまり，エノール形の方が安定である．もちろん，これには理由がある．その1つは，エノール形になるとエノールのヒドロキシ基と

$$R^1CH_2\text{-}C\text{-}R^2 \rightleftharpoons R^1CH=C\text{-}R^2 \atop \phantom{R^1CH_2\text{-}C\text{-}R^2} \;\; O OH$$

ケト形　　　　　　エノール形　　　(12.7)

$$\underset{\text{15\%}}{H_3C\text{-}\overset{O}{C}\text{-}CH_2\text{-}\overset{O}{C}\text{-}CH_3} \rightleftharpoons \underset{\text{85\%}}{H_3C\text{-}C\overset{O\cdots H\text{-}O}{=}CH\text{-}C\text{-}CH_3} \quad (12.8)$$

アセチルアセトン（2,4-ペンタンジオン）

　カルボニル基の間に水素結合が生じること，もうひとつはエノールの二重結合はカルボニル基の二重結合と共役して安定となることである．この2つの効果によりエノール形は85％もの高い割合で存在する．このように，異性体間で平衡が存在する現象を互変異性といい，その異性体を互変異性体という．つまり，ケト形とエノール形は互変異性体の関係にある．

　同じような互変異性現象はフェノールの場合にも考えられるが，実際にはケト形に相当する異性体は存在しない．6π電子系のつくる芳香環の安定性がこの結果をもたらしていると考えられる．

(12.9)

フェノール　　　　　　　ウラシル

　ところが，これと似た複素環化合物のウラシルではむしろケト形の方が安定である．この構造は核酸に含まれる塩基の1つとしてよく知られているが，核酸成分の構造として書かれているのはケト形の構造である．この場合は存在する環境が水を含んだ系であることにおもな原因がある．すなわち，互変異性体間の平衡を考えるときには，溶媒の効果も考慮しなければならない．

　蒸留したてのカルボニル化合物はほとんどエノール形を含まず，時間がたつにつれてエノール形が増えてきて平行に達する．この過程は，微量のプロトンまたは塩基によって促進される．これについては，12.3.5項で詳しく述べる．

12.3.4 酸　　性

塩基性があるカルボニル化合物に酸性があるというのは一見矛盾しているようであるが，酸・塩基の性質は相手となる塩基・酸があって初めて生じるものであることを思い出してほしい．カルボニル化合物の酸性のもととなるのは隣接する炭素に結合した水素である．この水素は式 (12.10) に示したように，水酸化物イオンのような強い塩基の作用でプロトンとして取れる．

$$R^1-CH_2-\underset{\underset{O}{\|}}{C}-R^2 + OH^- \xrightleftharpoons[]{-H_2O} R^1-\overset{\ominus}{\underset{..}{CH}}-\underset{\underset{O}{\|}}{C}-R^2 \longleftrightarrow R^1-CH=\underset{\underset{O^{\ominus}}{|}}{C}-R^2$$

エノラートイオン

(12.10)

　その結果生じたカルボアニオンは隣に C=O 二重結合があるため，共鳴構造で示されるように，負電荷の一部はカルボニル酸素上にも広がる．酸素の電気陰性度は炭素よりも大きいから，この共鳴構造はアニオンの安定化に大きく寄与している (7.3.1 項参照)．このため，アルコールやエーテルと違って酸素から離れた位置の水素がプロトンとして脱離できる．

12.3.5 ハロゲン化

　アルデヒドやケトンにハロゲン (塩素, 臭素, ヨウ素) を作用させると，カルボニル基の隣にある CH の水素原子がハロゲンに置換される．時間が十分にあると，すべての水素が置換されてしまう (式 (12.11))．

$$R^1CH_2\text{-}\underset{\underset{O}{\|}}{C}\text{-}R^2 \xrightarrow[H^+ \text{または} OH^-]{X_2} R^1\underset{\underset{X}{|}}{CH}\text{-}\underset{\underset{O}{\|}}{C}\text{-}R^2 \xrightarrow[H^+ \text{または} OH^-]{X_2} R^1CX_2\text{-}\underset{\underset{O}{\|}}{C}\text{-}R^2$$

$$R^1CH_2\text{-}\underset{\underset{O}{\|}}{C}\text{-}R^2 \xrightleftharpoons[]{H^+} R^1\underset{\underset{H}{|}}{CH}\text{-}\underset{\underset{\overset{+}{O}H}{\|}}{C}\text{-}R^2 \xrightleftharpoons[]{H^+} R^1CH=\underset{\underset{OH}{|}}{C}\text{-}R^2$$

エノール

(12.11)

この反応は，じつはエノール形の二重結合への付加反応である．

この反応には普通，微量のプロトンあるいは塩基（例えば OH^-）を触媒として用いる．触媒の作用はエノールまたはエノラートイオンの生成を容易にするためである．

$$R^1CH=C(OH)-R^2 + X-X \longrightarrow R^1CH(X)-\overset{\oplus}{C}(OH)-R^2 + X^- \longrightarrow R^1C(X)=C(OH)-R^2 + HX$$

エノール

$$R^1CH=C(O^\ominus)-R^2 + X-X \longrightarrow R^1CH(X)-C(=O)-R^2 + X^-$$

エノラートイオン

(12.12)

二重結合への付加は，エノールならばハロゲンカチオンが反応した段階で付加は止まり，その後はプロトンが取れてハロゲンの置換したエノールになる．エノラートイオンならばただちにハロゲンの置換したカルボニル化合物になる．エノールはカルボニル化合物に容易に異性化するが，いずれにしてもエノールに異性化できる限り（カルボニル基の隣接炭素に水素がある限り）ハロゲンへの置換が進行する（式 (12.12)）．

構造の中に $-COCH_3$ のような部分があると，ハロゲン（X_2）と水酸化物イオンを作用させることにより，上に示した機構によって $-COCX_3$ にかわる（式 (12.13)）．

$$-\underset{O}{\overset{\parallel}{C}}-CH_3 \xrightarrow{X_2,\ OH^-} -\underset{O}{\overset{\parallel}{C}}-CX_3 \xrightarrow{\Delta,\ OH^-} -\underset{O}{\overset{\parallel}{C}}-O^\ominus + HCX_3 \quad (12.13)$$

ハロホルム

この構造はアルカリ中で加熱すると容易に分解してカルボキシ基とハロホルム $CHCX_3$（Xに応じて，クロロホルム（X=塩素），ブロモホルム（X=臭素），ヨードホルム（X=ヨウ素）という）に変化するので，この反応は $-COCH_3$ グループをカルボン酸に変える反応，あるいはXがヨウ素のときにはヨードホルムが淡黄色の結晶となって沈殿するので，$-COCH_3$ グループの検出反応（ヨードホルム反応）として利用される．

12.3.6 アルドール縮合

カルボニル化合物の酸性が要因となる反応にアルドール縮合がある．例としてアセトアルデヒドとアセトンの反応を式 (12.14) に示す．

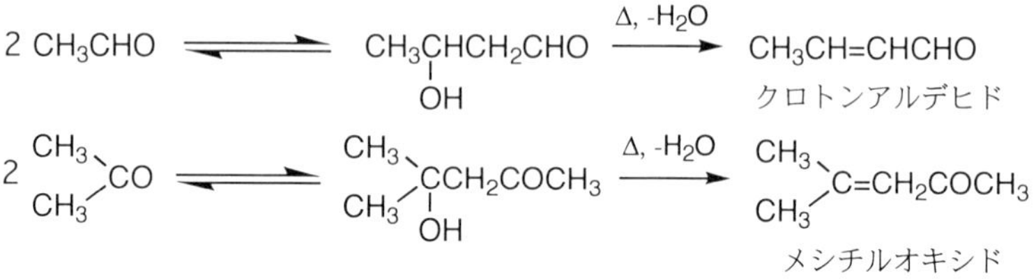

$$2\ CH_3CHO \rightleftharpoons CH_3\underset{OH}{CH}CH_2CHO \xrightarrow{\Delta,\ -H_2O} CH_3CH=CHCHO$$
クロトンアルデヒド

$$2\ \underset{CH_3}{\overset{CH_3}{>}}CO \rightleftharpoons \underset{CH_3}{\overset{CH_3}{>}}\underset{OH}{\overset{}{C}}CH_2COCH_3 \xrightarrow{\Delta,\ -H_2O} \underset{CH_3}{\overset{CH_3}{>}}C=CH_2COCH_3$$
メシチルオキシド

(12.14)

反応は水酸化ナトリウムの薄い水溶液中で起こり，カルボニル化合物2分子が反応してヒドロキシアルデヒドあるいはケトアルコールを生じる．この段階の生成物は付加物（アセトアルデヒドからの付加物を，aldehyde とアルコールの接尾語 ol を組み合わせてアルドールといったところからこの反応名がある）であるが，加熱すると脱水が起こって共役カルボニル化合物が得られるので，ここまで考えれば縮合反応といえなくもない．最近はアルドール付加反応と呼ぶ教科書も増えてきた．いずれにしても，この反応の重要な部分はケトアルコールを生じる段階までである．

アルデヒド RCH_2CHO を例にして反応の機構を考えてみよう（図 12.5）．

水酸化物イオンのような強塩基の役割はカルボアニオンを生成することにある（平衡(A)）．生じたカルボアニオン自身が一種の塩基であるので，カルボニル基に対して求核試薬として作用し，新しく C-C 結合を作る（平衡(B)）．このとき，カルボアニオンがもっていた負電荷は酸素原子上に移る．最後に，このアルコキシドイオンが溶媒の水からプロトンを奪って（アルコキシドイオ

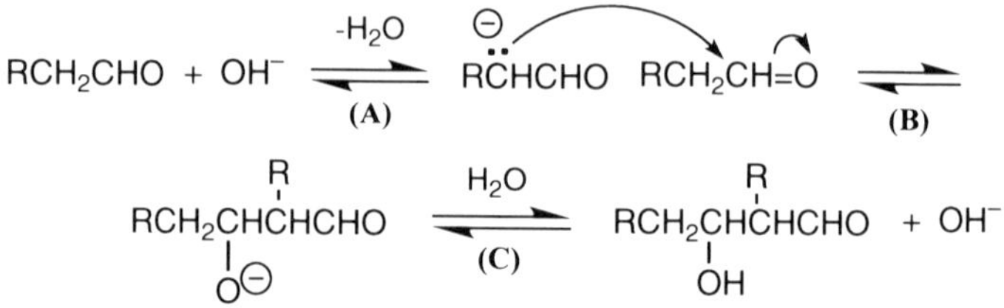

$$RCH_2CHO + OH^- \underset{(A)}{\overset{-H_2O}{\rightleftharpoons}} R\overset{\ominus}{C}HCHO\ \ RCH_2CH=O \underset{(B)}{\rightleftharpoons}$$

$$RCH_2\underset{O^{\ominus}}{\overset{R}{C}}HCHCHO \underset{(C)}{\overset{H_2O}{\rightleftharpoons}} RCH_2\underset{OH}{\overset{R}{C}}HCHCHO + OH^-$$

図 12.5　アルドール付加の機構

ンは水酸化物イオンよりも塩基性が強い）アルコールとなり（平衡(C)），同時に水酸化物イオンが再生する．もちろん，この水酸化物イオンは最初にカルボニル化合物からプロトンを奪ったイオンではないが，注目したいのは，反応が終わったところでイオンが再生されることである．したがって，この反応では水酸化物イオンは消費されず，濃度に変化はない．有機反応ではこのように反応の前後で濃度が変わらない（したがって，少量でも反応促進の役割を果たせる）酸や塩基を触媒と呼ぶことが多い．なお，高校で学習する触媒の定義には「それ自身が変化しない」という条件がつけられているものが多く見受けられるが，有機化学では「量が変化しない」ことを条件とする．図 12.4 に示したアセタール生成反応でも，プロトンの濃度に変化が生じないことを確かめてほしい．この反応は全段階が平衡反応である．したがって，生成物であるヒドロキシカルボニル化合物に強い塩基を作用させると，もとのカルボニル化合物に分解する反応が起こる．

12.3.7 アルデヒドの還元性

アルデヒドは容易に酸化されて，自身はカルボン酸に変わる．この性質はケトンにはないので，アルデヒドによる還元反応を，アルデヒドとケトンを化学的に区別するために利用することができる（式 12.15）．

$$\text{RCHO} \xrightarrow{\text{酸化剤}} \text{RCOOH}$$

Fehling 溶液の反応： $Cu^{2+} \longrightarrow Cu^{+} (Cu_2O)$ (12.15)

Tollens 試薬の反応： $Ag^{+} \longrightarrow Ag$
（銀鏡反応）

銅(II) イオンを含むフェーリング溶液（青紫色）は，アルデヒドとの反応で銅が還元されて酸化銅(I) の赤褐色の沈殿を生じる．またアンモニア性硝酸銀溶液（Tollens 試薬）との反応では，銀イオンが還元されて金属銀となる．このとき，試験管の壁に薄い銀の膜が付着するので，銀鏡反応と呼ばれている．

12.3.8 還元によるアルコールの生成

アルコールを酸化してカルボニル化合物を合成するのと逆に，カルボニル基

を還元してアルコールを合成するための試薬もある．実験室でよく使われる試薬には，水素化リチウムアルミニウム $LiAlH_4$ や水素化ホウ素ナトリウム $NaBH_4$ がある．いずれも好収率でアルコールが得られる．

$$RCHO\ (R^1COR^2) \xrightarrow{LiAlH_4 または NaBH_4} RCH_2OH\ (R^1\underset{OH}{C}HR^2) \quad (12.16)$$

12.4 カルボニル化合物の合成

(1) アルコールの酸化（10.3.6項参照）
(2) カルボン酸の塩からケトンの合成

$$(RCOO)_2Ca \xrightarrow{\Delta} RCOR + CaCO_3 \quad (12.17)$$

この反応は現在では合成法として使われることはほとんどないが，かつては木材を乾留して得た木酢液を水酸化カルシウムで中和して，沈殿した酢酸カルシウム（R；CH_3-）からアセトンを得ることが工業的に行われていた．アセトン acetone の名称はこの反応の原料となる酢酸 acetic acid に由来する．

(3) 芳香族ケトンの合成法（フリーデル-クラフツ反応）

ベンゼンやナフタレンのような芳香環に直接カルボニル基が結合した，フェノンやナフトンのようなケトンの合成には，アシル基 RCO を直接導入する（式 (12.18)）．

$$\langle\!\!\bigcirc\!\!\rangle + RCOCl\ (または (RCO)_2O) \xrightarrow{AlCl_3} \langle\!\!\bigcirc\!\!\rangle\text{-COR} \quad (12.18)$$

この反応は，塩化アシル RCOCl または酸無水物 $(RCO)_2O$ のようなカルボン酸誘導体により芳香族化合物をアシル化するのであるが，この際，触媒として塩化アルミニウムのようなルイス酸を使う．塩化アルミニウムの役割は式 (12.19) に示したように，上記の試薬（アシル化試薬と呼ばれている）の中のアシル部分をカチオンに変えることである．

$$RCOCl\ (または (RCO)_2O) + AlCl_3 \longrightarrow [RCO^+AlCl_3X^-] \quad (12.19)$$
$$(X=Cl, RCOO)$$

芳香環は弱い塩基なので，アシルカチオンの攻撃を受けて水素がアシル基と入れ替わる．触媒はアシルカチオンを生成するために必要であるが，式（12.15）に示したように塩化アルミニウム自身はアシル基の残りのアニオンと結合してしまうので，反応に必要なアシル基と同じ量が必要である．アセタールの合成やアルドール付加と異なって，この反応での触媒の特徴は量に変化がない（少量でよい）ことではなく，「反応に直接かかわらない」ことである．

カルボニル化合物のにおいと毒性

　芳香族という言葉は，その言葉どおり，ベンゼンの誘導体で芳香をもつ化合物が多かったためであることは第7章でちょっとふれた．実際にそのような化合物を調べてみると，アルデヒドやケトンであることが多い．下にいくつかの例を示した．
バニリンは食品によく使われるバニラの香気成分であり，ピペロナールはバニリンとよく似た構造であるがヘリオトロープとよばれる香料の成香気分である．シンナムアルデヒドはニッケイから得られる香料の香気成分（シナモン），ムスコンはジャコウジカから得られる麝香の香気成分である．

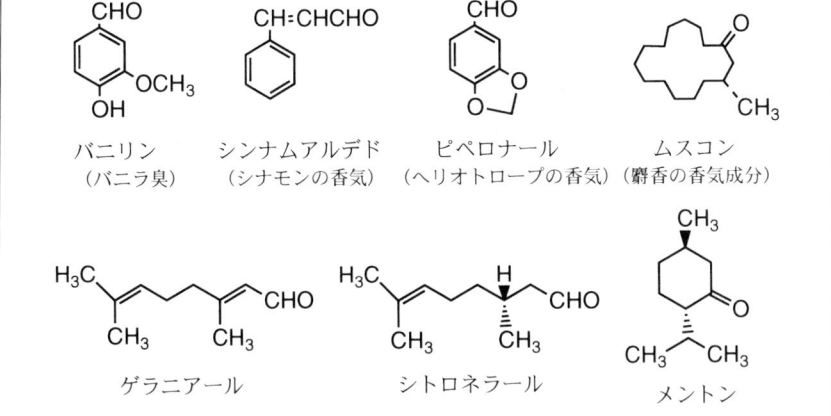

バニリン　　　　シンナムアルデド　　ピペロナール　　　ムスコン
（バニラ臭）　　（シナモンの香気）　（ヘリオトロープの香気）（麝香の香気成分）

ゲラニアール　　　シトロネラール　　　メントン

　このように匂いの良さが利用されている一方で，ホルムアルデヒドやアセトアルデヒドなど，強い刺激臭をもったアルデヒドもある．なかでも，ホルムアルデヒドは匂いだけでなく毒性も強く，建材や衣料品からの発生による被害がたびたびマスコミで取り上げられている．昆虫のカメムシが危険を察知すると放出する

臭い物質もやはり脂肪族のアルデヒドである．しかし，脂肪族のアルデヒドがどれも不愉快な匂いというわけではなくて，ゲラニアール，シトロネラール，メントンなど，テルペンの仲間には香料として使われるカルボニル化合物も多い．

【演習問題】

12.1 アセトンとクロロホルムを混合すると試験管が温まるくらい発熱するのに，アセトンをメタノールと混合しても水素結合ができるにもかかわらず発熱量はそれほど大きくない．この理由を考えよ．

12.2 図12.3のオキシムおよびヒドラゾンを生成するアミノ化合物の構造を示せ．

12.3 オキシムやヒドラゾンがカルボニル化合物と異なって高融点の結晶になりやすいのはなぜか．

12.4 酸触媒を用いたアセタールの生成反応ではヘミアセタールは中間物質として単離できない．これは，図12.4の平衡(E)で容易にカルボカチオンが生じるためであるが，その理由を説明せよ．

12.5 シクロヘキサノンとエチレングリコール $HOCH_2CH_2OH$ を，酸触媒の存在下で加熱したときに生成する化合物 $C_8H_{14}O_2$ の構造を記せ．

12.6 ヒドロキシアルデヒド $HO(CH_2)_4CHO$ (5-ヒドロキシペンタナール)を放置しておくと異性体に変化する．この異性体には，カルボニル基はなく，官能基はすべてヒドロキシ基である．その構造を推定せよ．この新しい異性体にはもとのヒドロキシアルデヒド以外に異性体が可能だろうか．

12.7 アセトン CH_3COCH_3 を長時間，塩基の存在で多量の重水素 D_2O と加熱すると，CD_3COCD_3 に変わる．この変化の機構を推定せよ．

12.8 光学活性なケトン $Ph(CH_3)CHCOCH_3$ のアルコール溶液に，少量の酸または塩基を加えて放置すると旋光度を失う．どのような変化が起こったのか．

12.9 アルドール反応の付加物を脱水すると，二重結合は必ずカルボニル基に隣接した位置にできるのはなぜか．

12.10 不飽和アルデヒド $CH_2=CHCH_2CHO$ に塩基を作用させたところ，ク

ロトンアルデヒド $CH_3CH=CHCHO$ に異性化した．この反応の機構を考えよ．

12.11 次に示す2種のアルデヒドの混合物にアルドール付加反応の条件で水酸化物イオンを作用させたとき生成する可能性のある付加物（ヒドロキシアルデヒド）の構造すべてを記せ（鏡像異性体は無視してよい）．

① ベンズアルデヒド ＋ プロピオンアルデヒド CH_3CH_2CHO，

② フェニルアセトアルデヒド $PhCH_2CHO$ ＋ プロピオンアルデヒド

12.12 アシルカチオン $[RCO]^+$ の電子構造を共鳴構造を使って表せ．

12.13 無水酢酸 $(CH_3CO)_2O$ をベンゼンに溶かし，細かく砕いた塩化アルミニウムを加えながらかき混ぜると塩化水素が発生する．反応混合物を水に注いで分解すると分子式 C_8H_8O をもった生成物が得られる．この生成物の構造を記せ．

13

ア　ミ　ン

　アルコールやエーテルを水の誘導体とすれば，アミンはアンモニアの誘導体にあたり，有機化合物の中では最も強い塩基性をもった化合物群である．この性質はアミンに含まれている窒素原子の非共有電子対に由来する．アミンの分布は広く，天然にはアルカロイドと呼ばれ，様々な生理作用をもったアミン誘導体が存在するし，タンパク質の構成要素であるアミノ酸もアミンの誘導体とみなすことができる．このように，アミン類は生体物質として重要な役割を果たしているが，ここではその基本的な性質を中心に扱うことにする．

13.1　アミンの命名法

13.1.1　アミンの分類

　アンモニアの水素原子を何個炭化水素基に置換するかによって，アミンは3種類に分類される．またアンモニウムイオンもついでにまとめて述べておこう．

$R-NH_2$　　　　第1級アミン（primary amine）
R^1R^2NH　　　第2級アミン（secondary amine）
$R^1R^2R^3N$　　　第3級アミン（tertiary amine）
$R^1R^2R^3R^4N^+$　第4級アンモニウムイオン（quaternary ammonium ion）

　この分類で使う用語は，正式には上に示したように「第1級」を用いるが，「第1」あるいは「1級」のように略されることも多い．

13.1.2 命 名 法

原子団 NH_2 の置換基名はアミノ (amino) であるが,これを使わない命名法には次のようなものがある.

(1) 第1級アミン

R-NH_2 の名称は,①R 基の名称または②RH の名称に接尾語 amine (アミン) をつける.

$CH_3CH_2NH_2$ エチルアミン

$CH_3CH_2CH_2CH(NH_2)CH_3$ 1-メチルブチルアミン (2-アミノペンタン)

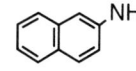

(ナフタレン環に NH_2)
① 2-ナフチルアミン
② 2-ナフタレンアミン (2-アミノナフタレンでもよい)

慣用名として,アニリン $PhNH_2$,トルイジン $CH_3C_6H_4NH_2$,アニシジン $CH_3OC_6H_4NH_2$ などが認められている.

(2) 第2級および第3級アミン

同じ炭化水素基からなる (対称的) アミンは,基名にジまたはトリをつけ,接尾語アミンを使って命名する.

$(C_2H_5)_3N$ トリエチルアミン

Ph_2NH ジフェニルアミン

非対称的アミンは第1級アミンの N-置換体として命名する.第1級アミンとしては窒素に結合する基のうち最も複雑なものを母体第1級アミンとする.

Ph-NH-CH_3 N-メチルアニリン

(シクロヘキシル)-N$(CH_3)_2$ N,N-ジメチルシクロヘキシルアミン
(ジメチルアミノシクロヘキサンでもよい)

(3) ジアミン

下の例に示した化合物には,次のような名称が可能である (なお,①にみられるように,-$(CH_2)_n$- というグループの名称として,$n=2$ がエチレン,3 がトリメチレン,4 がテトラメチレン,…のように,相当する倍数接頭語+メ

H₂NCH₂CH₂CH₂NH₂　　① トリメチレンジアミン
　　　　　　　　　　　② 1,3-プロパンジアミン
　　　　　　　　　　　③ 1,3-ジアミノプロパン

13.2　性質と反応

13.2.1　に　お　い

　アミン類には，アンモニアほど刺激的ではないが独特のにおいがある．残念ながらにおいを客観的に表現する方法が確立していないので，ここではアミン臭（ほとんどの場合，悪臭）と呼ばれる特有のにおいがある，としかいえない．例えば，魚臭さといわれるにおいは主としてアミン類によると考えられている．においと構造との関係は現在のところ完全には明らかにされていない．

13.2.2　アミン窒素の立体化学

　アンモニアと同じように，アミンの窒素もピラミッド形の構造である．ピラミッドの頂点は非共有電子対が占めている（式 (13.1)）．

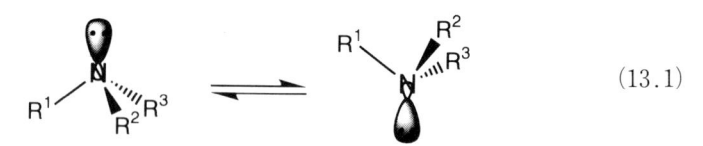

$$\tag{13.1}$$

　しかし，この構造はたえず変化していて，その反転した形との間で常に入れ替わっている．その速さは，室温で，第3級アミンが1秒に $10^3 \sim 10^5$ 回，アンモニアが 4×10^{10} 回と見積もられている．式 (13.1) で R^1, R^2, R^3 が互いに異なると，ピラミッド形の窒素は不斉原子になるので鏡像異性体が存在するはずである．ところが，反転（これは鏡像異性体の異性化でもある）がこのように速いと，1つの異性体の状態で存在する寿命があまりにも短いので鏡像異性体への分割は不可能である．したがって，このような構造のアミンはラセミ体の状態で存在する．

　反転が容易に起こるのは非共有電子対があるためである．これを単結合に変

える(すなわち,第4アンモニウムイオンにする)と,もはや反転は不可能となり,鏡像異性体が単離できるようになる.

13.2.3 塩 基 性

アミンは有機化合物を代表する塩基である.この性質は窒素原子のもつ非共有電子対に由来する(式(13.2)).塩基性の強さを,プロトンを受け入れる平衡定数 K_b を使う代わりに,アミンの共役酸の酸解離定数 K_a で表現することは第1章ですでに述べた.

$$pK_B: \quad \ce{>N:} + H_2O \rightleftharpoons \ce{>N^+-H} + OH^-$$
$$pK_A: \quad \ce{>N^+-H} + H_2O \rightleftharpoons \ce{>N:} + H_3O^+ \tag{13.2}$$

いくつかのアミンの pK_a 値を表13.1に示した.

アミンの塩基性は一般に,第1級＜第2級＜第3級の順に大きくなる.これはアルキル基の電子を押し出す効果を考えれば,納得のいくことである.しかし,表13.1でみるように,メチル基の入ったアミン類ではそのようになっていない.この理由は,プロトンと結合したカチオンが溶媒和によって安定化される度合いが,トリメチルアミンでは立体障害のため小さくなるからである.その証拠に,溶媒のない気体状態における塩基性は,メチル基が多いほど強いという予想通りの順序になる.

脂肪族アミンに比べると,芳香族アミンは塩基性が著しく小さい.同じ炭素数の環状の炭化水素基をもったシクロヘキシルアミン($pK_a=10.64$)とアニ

表13.1 いくつかのアミンの pK_a 値

	pK_a
メチルアミン	10.64
ジメチルアミン	10.77
トリメチルアミン	9.80
シクロヘキシルアミン	10.64
アニリン	4.65
1-ナフチルアミン	3.92

リン（pK_a=4.65）では，平衡定数で比較するとアニリンの塩基性の方がはるかに小さい．これはなぜだろうか．この説明は，アニリンについて共鳴構造を書いてみると容易に説明がつく（式（13.3））．

$$(13.3)$$

この共鳴構造の書き方がわからなければ，フェノールの共鳴構造（図10.4）を参照してほしい．

共鳴構造が示していることは簡明である．窒素原子上の非共有電子対の一部はベンゼン環の方に流れ出してしまい，そのような効果が存在しない脂肪族アミンと比べて非共有電子対の密度は減少する．そのため塩基性は低下する．この効果は一方で，ベンゼン環のオルト位とパラ位の電子密度を増加させる．そのため，臭素を作用させるとアニリンの2, 4, 6位すべてに臭素が置換した2, 4, 6-トリブロモアニリンが得られる（式（13.4））．

$$H_2N-C_6H_5 + 3Br_2 \longrightarrow H_2N-C_6H_2Br_3 + 3HBr \quad (13.4)$$

2,4,6-トリブロモアニリン

これとそっくりの反応が，フェノールでも起こったことを思い出してほしい．非共有電子対がベンゼン環に流れ出す現象は酸素原子でも窒素原子でも起こることがわかる．ただし，この効果により，フェノールではO-H結合の分極を強めてプロトンの解離を有利にするが，アニリンでは水中でNHからプロトンが脱離するまでには至らない．

主として植物に含まれる物質の中に，アミン状の窒素をもつ化合物群がある．これをアルカロイドと総称している．アルカロイドに共通した性質は塩基性を示すことで，この名称alkaloidもalkali（アルカリ）+oid（似たもの）からきている．

13.2.4 水素結合

　窒素は水素よりも電気陰性度が大きいので，N-H 結合も極性を帯びていると考えてよい．したがって，ヒドロキシ基と同様に NH 基も水素供与対として作用できる．確かに，アンモニアの沸点（−33.4℃）はそれより分子量の大きいホスフィン PH_3（−87.8℃）よりも高く，この理由は水素結合の存在によって説明されている．しかしアルコールと沸点を比較してみるとわかるように（表13.2），同じアルキル基をもったアルコールとアミンを比較すると，アルコールの方がはるかに沸点が高く，ヒドロキシ基間の水素結合の方が強いことがわかる．塩基性の強さから推定するとアミン窒素の方が水素受容体として有効と思われるが，プロトン供与体としての強さは NH 基よりもヒドロキシ基の方が強い．たとえば表5.2をみると，エタノールの K_a が 10^{-18} であるのに対して，アンモニアは 10^{-35} とかなり小さい．結局，この両方の効果の兼ね合いで，アルコールの O-H⋯O 水素結合の方がアミンの N-H⋯N 水素結合よりも強くなったと考えられる．

表 13.2 アルコールおよびエーテルとアミンの沸点の比較

アルコール・エーテル	沸点/℃	アミン	沸点/℃
メタノール	64.7	メチルアミン	−6.3
エタノール	78.3	エチルアミン	16.6
ジメチルエーテル	−24.8	ジメチルアミン	6.9
ジエチルエーテル	34.6	ジエチルアミン	55.5

13.2.5 求核試薬としての反応

　アミンには強い塩基性があるので，負の電荷をもったイオンと同様に求核試薬として作用する能力をそなえている．このことはハロゲン化合物の求核置換反応（式 (13.5)），カルボニル基への付加反応（式 (13.6)），などで述べた．

$$R^1-X \ + \ H_2N-R^2 \longrightarrow \begin{matrix}R^1\\R^2\end{matrix}\!\!>\!\!NH \tag{13.5}$$

$$\begin{matrix} R^1 \\ R^2 \end{matrix}\!C\!=\!O \;+\; H_2N\text{-}R^3 \xrightarrow[H_2O]{H^+} \begin{matrix} R^1 \\ R^2 \end{matrix}\!C\!=\!N\text{-}R^3$$

シッフ塩基, オキシム, ヒドラゾンなど

(13.6)

13.2.6 亜硝酸との反応
a. ジアゾニウム塩の置換反応

亜硝酸 HNO_2 は分解しやすく不安定なので保存できない．亜硝酸ナトリウムのような塩に水溶液中で強酸（塩酸が最もよく使われる）を作用させて発生させ，ただちにアミンと反応させる．反応は式（13.7）に示したように，アミンが第1級，第2級，第3級のいずれであるかによって異なる．

第1級アミン（脂肪族）

$$R\text{-}NH_2 \xrightarrow[X^-]{HNO_2} [R\text{-}N_2^+] \xrightarrow{-N_2} [R^+] \longrightarrow \text{アルケン，アルコールなど}$$

第2級アミン

$$\begin{matrix} R^1 \\ R^2 \end{matrix}\!NH \xrightarrow{HNO_2} \begin{matrix} R^1 \\ R^2 \end{matrix}\!N\text{-}NO \qquad N\text{-ニトロソアミン}$$

第3級アミン

$$\begin{matrix} R^1 \\ R^2 \end{matrix}\!N\text{-}R^3 \xrightarrow{HNO_2} \text{反応せず}$$

(13.7)

脂肪族の第1級アミンからはジアゾニウムイオンが生成するが，このイオンは非常に不安定で，すぐに窒素を放出してカルボカチオンとなり，これからアルケンやアルコールが生じる．第2級アミンは NH の水素がニトロソ基 NO で置換された化合物 N-ニトロソアミンが生成する．なお，ここでN-は置換基が窒素と結合していることを示す．ジメチルアミンから生じる N-ニトロソジメチルアミン（ジメチルニトロソアミン）は強い発ガン性をもった物質である．第3級アミンは亜硝酸とは反応しない．したがって，脂肪族アミンであることがわかっていれば，亜硝酸に対する反応の仕方で3種のアミンの見分けがつけられる．

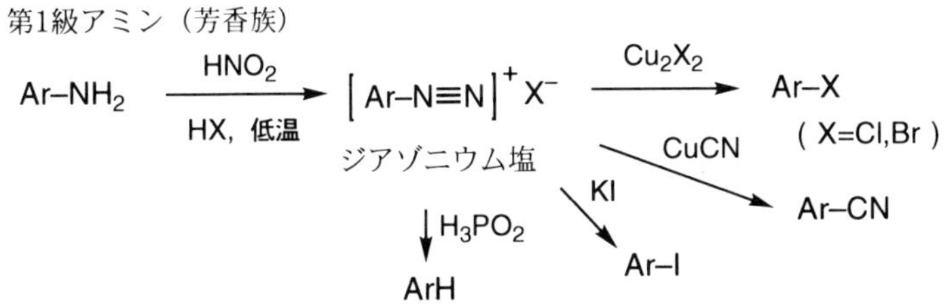

13.2 性質と反応

第1級アミン（芳香族）

$$Ar-NH_2 \xrightarrow[\text{HX, 低温}]{HNO_2} [Ar-N\equiv N]^+ X^-$$

ジアゾニウム塩

$$[Ar-N\equiv N]^+ X^- \xrightarrow{Cu_2X_2} Ar-X \quad (X=Cl, Br)$$
$$\xrightarrow{CuCN} Ar-CN$$
$$\xrightarrow{KI} Ar-I$$
$$\xrightarrow{H_3PO_2} ArH$$

図 13.1　芳香族ジアゾニウム塩の反応

芳香族のアミンの場合も，第2級と第3級アミンの反応は脂肪族と同じであるが，第1級アミンだけは少しようすが違う．ジアゾニウムイオンが生じるところまでは脂肪族アミンと同様であるが，芳香環に直接結合したジアゾニウムイオンは低温の酸性水溶液中ではある程度安定である（ただし加熱をすればやはり窒素を放出して分解する）．このジアゾニウムイオンには他の試薬を反応させることができる（図 13.1）．例えば塩化銅(I)，臭化銅(I)，シアン化銅(I) などを作用させると，窒素の結合していた炭素にそれぞれ塩素，臭素，シアノ基などが置換した化合物が得られる．この反応をザントマイヤー（Sandmeyer）反応という．またヨウ化カリウムを作用させるとヨウ素に置換する．さらに，ホスフィン酸 $HP(OH)_2$ を作用させると窒素の代わりに水素が入る．最後の反応はアミノ基を水素に変える反応として利用される．

b. ジアゾカップリング

ジアゾニウムイオンの示すもう1つの反応は，ジアゾカップリングと呼ばれている芳香環への置換で，アゾ化合物を生成することである（式 (13.8)）．

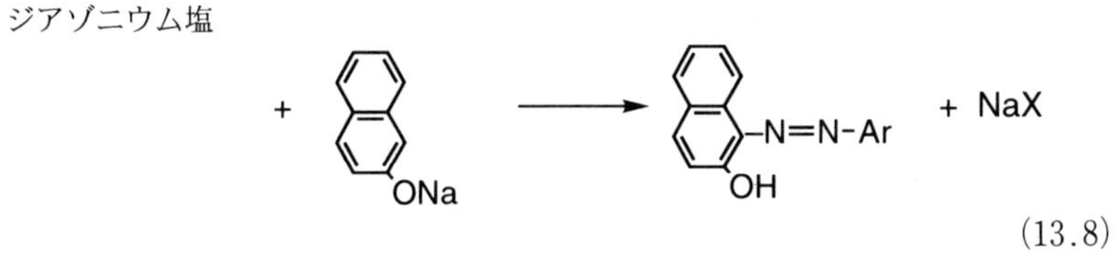

$$[Ar-N\equiv N]^+ X^- + \text{C}_6\text{H}_5\text{-ONa} \longrightarrow Ar-N=N-\text{C}_6\text{H}_4\text{-OH} + NaX$$

ジアゾニウム塩

$$+ \text{(naphthyl)-ONa} \longrightarrow \text{(naphthyl)(-OH)(-N=N-Ar)} + NaX$$

(13.8)

この反応は，フェノール類のナトリウム塩のような化合物，別の言い方をすれば，強力な電子供与性の置換基（16.2.3 項参照）をもった化合物に対して

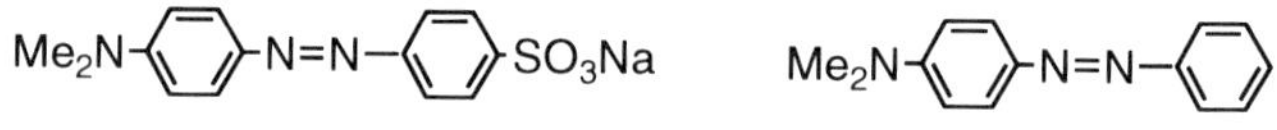

$$\text{Me}_2\text{N}-\langle\rangle-\text{N}=\text{N}-\langle\rangle-\text{SO}_3\text{Na} \qquad \text{Me}_2\text{N}-\langle\rangle-\text{N}=\text{N}-\langle\rangle$$

メチルオレンジ（指示薬）　　　　　　バターイエロー

図 13.2　メチルオレンジとバターイエロー

起こる．よって，フェノキシド類のほか，ジメチルアミノ基をもった化合物も置換を受ける．生成したアゾ化合物は黄色から赤色にわたる特有の色をもっているので，この性質を利用してさまざまな染料（アゾ染料という）が合成され，実際に使用されている．中和滴定でよく使われるメチルオレンジ，かつてマーガリンの着色剤として使われ，その後強い発がん性があることがわかったバターイエローなどもアゾ化合物に属する（図 13.2）．

13.3　アミンの合成

(1)　アミンのアルキル化

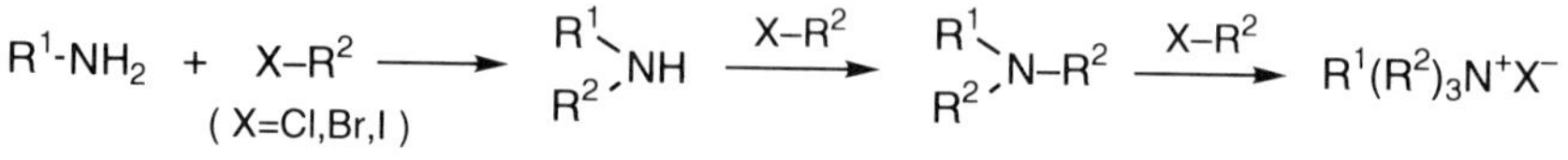

$$R^1\text{-}NH_2 + X\text{-}R^2 \xrightarrow{} \begin{array}{c}R^1\\R^2\end{array}\!\!NH \xrightarrow{X\text{-}R^2} \begin{array}{c}R^1\\R^2\end{array}\!\!N\text{-}R^2 \xrightarrow{X\text{-}R^2} R^1(R^2)_3N^+X^- \qquad (13.9)$$
$$(X=Cl, Br, I)$$

アミン（アンモニアを含む）の求核性を利用して，アンモニア，第1級あるいは第2級アミンにハロゲン化アルキルを反応させ，それぞれ第1級，第2級あるいは第3級アミンを得る．しかし，実際にこの反応を行うと，目的の生成物がさらにアルキル化を受け，いずれの場合にも第2級，第3級アミン，第4級アンモニウム塩などが副生成物として生じるので，必ずしも効率のよい反応ではない．試薬の割合や反応時間などの条件を十分に検討する必要がある．

(2)　ニトロ基の還元

$$\langle\rangle\text{-}NO_2 \xrightarrow{\text{還元剤}} \langle\rangle\text{-}NH_2 \qquad (13.10)$$

ニトロベンゼン　　　　　　アニリン

ニトロ基 NO_2 をもった化合物は還元するとアミンになる．芳香族の第1級アミンはほとんどこの方法で合成されている．代表的な例はニトロベンゼンか

らアニリンを合成する反応である．還元する方法としては，スズと塩酸，あるいは鉄と塩酸，あるいは触媒の存在下での水素化（接触還元という）などがある．

(3) ニトリルの還元

$$R-C\equiv N \xrightarrow[\text{触媒}]{H_2} R-CH_2NH_2 \qquad (13.11)$$

ニトリルとは，炭素-窒素三重結合からなるシアノ基をもった化合物の総称である．この不飽和結合も炭素-炭素三重結合と同じように水素化が可能で，生成物は第1級アミンになる．

天然のアミン化合物—アルカロイド

天然物には，アルカロイドと呼ばれる窒素を含んだ化合物群があり，多くは植物中に含まれている．アルカロイドが注目されるのは，その生理活性で，モルヒネ，コカインのような麻薬取締法の対象になるもの，ニコチン，ストリキニーネのような毒性を示すもの，キニーネ（マラリヤの特効薬），エフェドリン（喘息薬）のように薬として用いられるものなど，さまざまな生理作用や薬理作用をもったものが存在する．人類の歴史に登場するものの中で最も古くから記録に残っているのは，ケシから採れる阿片であろう．紀元前7世紀頃のアッシリアの陶板の文書に鎮痛作用があることが記されているそうである．阿片は様々なアルカロイドの混合物で，これから有効成分のモルヒネを取り出したのはセルチュナー（1803年）である．

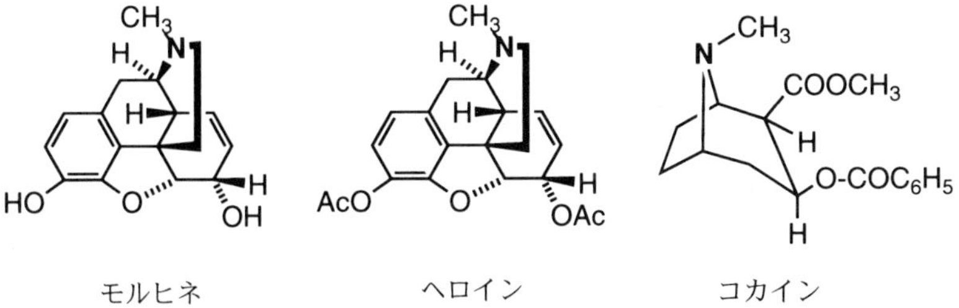

モルヒネ　　　　　ヘロイン　　　　　コカイン

モルヒネの構造は非常に複雑で，この構造が確定したのは1925年のことである．モルヒネにはヒドロキシ基が2個あるが，2つとも酢酸エステルにするとヘロインと呼ばれる化合物となる．どちらの化合物も鎮痛作用がある一方で，強い

習慣性があるため，日本では麻薬取締法の対象になっている．特にヘロインは規制が厳しく，研究用としても製造は認められていない．モルヒネは規制は厳しいが，鎮痛薬として使用が認められている．

モルヒネの構造が判明し，さらにそれに類似した様々な構造の化合物が合成されて生理活性がわかってくると，こうした生理活性がどうして現れるのかに関心が集まった．その結果，人間の脳の中にはモルヒネと結合する部分（受容体）があることが判明した．では，この受容体の役目は何か．じつは，人間自身が鎮痛作用をもつ物質を分泌し，それと結合することが受容体本来の目的であった．けがをしたときの痛みが長続きしないのはそのためである．このような作用をもった物質は複数あり，いずれもアミノ酸からなるポリアミドである．エンケファリン，エンドルフィンなどがその代表的なものである．

【演習問題】

13.1 エチルメチルプロピルアンモニウムイオンの構造を記せ．また，その鏡像の構造を書け．

13.2 アニリンの窒素原子はピラミッド型の構造よりも平面に近いと考えられている．なぜか．

13.3 メタノールに気体のアンモニアを吹き込んで溶かすとかなりの熱が発生する．この熱は主としてどのような原因によって発生したものか．

13.4 表13.2で，アルコールを同じアルキル基をもったエーテルに変えると沸点は低下するのに，アミンでは第1級から第2級に変えると沸点が高くなるのはなぜか（例えば，表13.2のエチルエーテルとジエチルアミンを比較せよ）．

13.5 脂肪族の第1級アミンに亜硝酸を作用させたとき，アルケンおよびアルコールが生じる機構を記せ（反応中間体の構造に注目せよ）．

13.6 芳香族アミンから生じたジアゾニウムイオンが脂肪族のジアゾニウムイオンよりも分解しにくいのはなぜか．生成するカチオンの安定性から説明せよ．

13.7 ハロゲン化アルキルとの反応で第1級アミンから第2級アミンを合成する場合，両試薬の比率は最低限どのような比にしなければならないか（（式

(13.9) には書かれていない生成物があることを考慮せよ). さらに, 副生成物の量を抑えて第 2 級アミンを収率よく合成するには, この比をどうすればよいか.

14

カルボン酸

　カルボン酸はカルボキシ基COOHをもつ化合物の総称であるが，名前のとおり，有機化合物を代表する酸である．酸であるため，アルカリ性の水で容易に抽出でき，また結晶性の塩を作りやすいので，天然物として生物やその生産物から単離・精製することが簡単で，古くから存在が知られていたものが多い．そのため，カルボン酸の名称にはIUPAC名よりもその採取源と縁の深い慣用名がよく使われるので，カルボン酸については慣用名を覚えておく必要がある．カルボン酸の誘導体については次章でまとめて述べる．

14.1　カルボン酸の命名法

　官能基COOHの置換基名はカルボキシである（1993年のIUPAC命名法規則により，従来用いられていたカルボキシルは遊離基にのみ用いられることとなった）が，できるだけ以下に示すような「酸」とつく命名法を採用し，他の官能基に置換基名を使う．
（1）　IUPAC命名法
① 母体となる炭化水素の語尾を-oic acidとし，日本語名はこの部分を「酸」と訳す．位置番号はカルボキシ基COOHの炭素が1位となり，二塩基酸では2個のカルボキシを含む最長の炭素鎖が基本骨格になる．日本語では炭化水素名の末尾に「酸」，「二酸」などをつける．

$CH_3CH=CHCH_2CH_2COOH$　　4-ヘキセン酸
　　　　　　　　　　　　　　　4-hexenoic acid

$HOOCCH(n\text{-}C_3H_7)CH=CHCOOH$　　4-プロピル-2-ペンテン二酸
　　　　　　　　　　　　　　　　　　4-propyl-2-penetendioic acid

② カルボキシ基を特性基として，-carboxylic acid を使う．環にカルボキシ基が直接結合している場合によく用いられる．

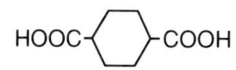

　　HOOC—◯—COOH　　　　　　　◯◯—COOH
　1,4-シクロヘキサンジカルボン酸　　　2-ナフタレンカルボン酸

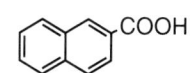

(2) 慣用名

カルボン酸においては，IUPAC命名法でもかなりの化合物について慣用名の使用が認められている．しかも，炭素数の少ないモノあるいはジカルボン酸については，慣用名の方が好ましいとされている．主要なカルボン酸について，表14.1に構造と慣用名を示す．慣用名はその酸の発見の歴史と関係が深い．例えば，ギ（蟻）酸は昆虫のアカアリから得られた酸，酢（醋）酸は「酢」の成分である酸，プロピオン酸は「最初の油として析出する酸」（融点 −21.5℃）の意味であり，酪酸の酪はチーズ様の乳製品を指し（チーズ独特の匂いの一部となっている），吉草酸は吉草根（ヨウシュカノコソウの根を乾燥したもの，valerian）に由来し，安息香酸，コハク（琥珀）酸はそれぞれ安息香（樹脂の一種），琥珀（樹脂の化石）の成分として得られたために，また，シュウ（蓚）酸は蓚（カタバミ科の植物，学名 *Oxalis corniculata*）に含まれているためにこの名がある．

慣用名の末尾は-ic acidであり，これはすべて酸と訳される．12.1.1項で述べたように，アルデヒドの慣用名は酸のこれらの慣用名をもとにつくられている．

アルカン酸のなかで，炭素鎖が長いモノカルボン酸（例：パルミチン酸 $C_{15}H_{31}COOH$，ステアリン酸 $C_{17}H_{35}COOH$，オレイン酸 $C_{17}H_{33}COOH$ など）は脂肪や動植物油に含まれ，また単離されたことから，アルカン酸のことを一般に脂肪酸（fatty acid）と呼ぶ．

表14.1 主要なカルボン酸の構造と慣用名

飽和脂肪族モノカルボン酸	
HCOOH	ギ酸　formic acid
CH_3COOH	酢酸　acetic acid
CH_3CH_2COOH	プロピオン酸　propionic acid
$CH_3(CH_2)_2COOH$	酪酸　butyric acid
$CH_3(CH_2)_3COOH$	吉草酸　valeric acid
飽和脂肪族ジカルボン酸	
HOOC-COOH	シュウ酸　oxalic acid
$HOOCCH_2COOH$	マロン酸　malonic acid
$HOOC(CH_2)_2COOH$	コハク酸　succinic acid
$HOOC(CH_2)_3COOH$	グルタル酸　glutaric acid
$HOOC(CH_2)_4COOH$	アジピン酸　adipic acid
不飽和脂肪族カルボン酸	
$CH_2=CHCOOH$	アクリル酸　acrylic acid
$CH_2=C(CH_3)COOH$	メタクリル酸　metacrylic acid
cis-HOOCCH=CHCOOH	マレイン酸　maleic acid
$trans$-HOOCCH=CHCOOH	フマル酸　fumaric acid
芳香族カルボン酸	
C_6H_5COOH	安息香酸　benzoic acid
$CH_3C_6H_4COOH$	トルイル酸　toluic acid
o-$C_6H_4(COOH)_2$	フタル酸　phthalic acid
$C_{10}H_7COOH$	ナフトエ酸　naphthoic acid

14.2　性質と反応

14.2.1　酸　　性

同じ OH 基をもちながら，カルボキシ基の酸性はアルコールのヒドロキシ基よりもはるかに強い．その理由は，平衡反応（14.1）について，図14.1のように反応系（a）と生成系（b）のいずれによっても説明できる．

$$R-C\underset{O-H}{\overset{O}{\diagup\!\!\!\diagdown}} + H_2O \rightleftharpoons R-C\underset{O^-}{\overset{O}{\diagup\!\!\!\diagdown}} + H_3O^+ \qquad (14.1)$$

a. 反応系による説明

カルボキシ基の O=C-OH という系は，二重結合と非共有電子対をもった系として式（7.3）の共鳴と同じように共鳴構造が書ける．その結果，OH 酸

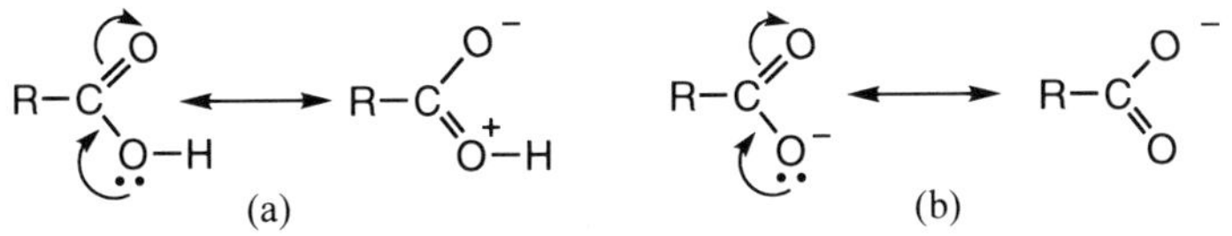

図14.1 カルボキシ基およびカルボン酸イオンの共鳴構造

素上の非共有電子対の密度が減少し，この酸素は電子不足になるため，アルコールのヒドロキシ基よりも O-H 結合の極性は大きくなり，カルボキシ基の水素はよりプロトンとして離れやすくなる．すなわち，酸性が大きい．

b．生成系による説明

プロトンが遊離して生じたカルボン酸イオンは，負電荷が 2 個の酸素間に均等に分布する（非局在化する）共鳴構造で表すことができる．したがって，生じたカルボン酸イオンはこのような効果のないアルコールのヒドロキシ基よりも安定である．カルボン酸イオンの共鳴構造は等価な 2 つの構造からなるので，負電荷は 2 個の酸素に 1/2 ずつ分布することになる．もしそうであれば，このイオンの 2 つの C-O 結合の長さは等しいはずである．このことは実際にカルボン酸の塩の結晶解析によって確かめられている．

酸解離指数 pK_a をみると（表 14.2），ギ酸だけがやや酸性が強く，後の酸はほぼ同じ値を示している．これは，ギ酸のカルボキシ基は水素と結合し，アルキル基からの電子を押し出す効果が受けられない（4.5 節参照）ため，プロトンの放出が容易に起こるからである．

アルキル基に結合した置換基の効果は，σ 結合を通してカルボキシ基にまで及ぶ．そのよい例が表 14.3 に示した塩素を 1 個もった酪酸（クロロブタン酸）の解離指数の変化である．電気陰性度の大きな塩素原子がカルボキシ基に近づ

表14.2 カルボン酸の沸点と水への溶解度

	沸点/℃	pK_a	水への溶解度
HCOOH　ギ酸	100.8	3.75	∞
CH₃COOH　酢酸	117.8	4.74	∞
C₂H₅COOH　プロピオン酸	140.8	4.87	∞
C₃H₇COOH　酪酸	164.1	4.82	∞
C₄H₉COOH　吉草酸	184.0	4.88	3.7
PhCOOH　安息香酸		4.19	0.3

表 14.3 クロロ酪酸の pK_a (25℃)

		pK_a
CH$_3$CH$_2$CHClCOOH	2-クロロ酪酸	2.86
CH$_3$CHClCH$_2$COOH	3-クロロ酪酸	4.05
ClCH$_2$CH$_2$CH$_2$COOH	4-クロロ酪酸	4.52
CH$_3$CH$_2$CH$_2$COOH	酪酸	4.82

くにつれ，酸の強度は著しく増加する．σ結合を通して，塩素が電子を引きつける効果（inductive の頭文字をとって I 効果という）がカルボキシ基にまで作用するためで，この効果はσ結合を3個へだてた4-クロロ誘導体でもまだ認められる．一方，もう一度表14.2を見てみると，安息香酸の酸性は脂肪酸よりやや強いものの，その差はそれほど大きくない．フェノールやアニリンにみられたような，共鳴によるベンゼン環の効果はないことがわかる．これはカルボキシ基自身の共鳴効果（図14.1）で十分に安定となっているためである．

14.2.2 水素結合

カルボキシ基は水素結合に必要な水素供与体（O-H）と水素受容体（C=O）の2つを兼ねそなえているため，分子間の水素結合により2量体以上の様々な多量体が存在可能で，溶液の中ではそれらの割合は濃度によって変化すると思われる．

$$\text{R-C}\begin{smallmatrix}\text{O-----H-O}\\\text{O-H-----O}\end{smallmatrix}\text{C-R} \qquad \text{カルボン酸の2量体}$$

沸点の比較的低いギ酸や酢酸は，気体状態でも一部が2量体となっていることが知られている．

分子間の水素結合が容易であることは，沸点の高さに反映している．例えば，分子量が46と最も小さいギ酸の沸点（100.8℃）は，分子量がちょうど同じで，分子間に水素結合も可能なエタノールの沸点（78.3℃）よりも高い．

アルコールと同様，カルボキシ基は親水性の基で，水に対する溶解度が大きいこともカルボン酸の特徴である（表14.2参照）．カルボキシ基と結合するアルキル基の炭素数が3までのものは水に対して溶解度が無限である（水とどんな割合でも混ざる）点も，アルキルアルコールとよく似ている．

14.2.3 塩 基 性

 有機化合物を代表する酸性をもったカルボン酸に塩基性があるというのは奇妙に聞こえるかもしれないが,カルボキシ基がカルボニル基とヒドロキシ基の結合したものであり,すべに述べたようにこの2つには塩基性があることを考えれば意外なことではない.ただし,この塩基性は硫酸や塩酸のような強い酸に対して現れる性質で,強酸が放出するプロトンはカルボニル基またはヒドロキシ基の酸素と結合する(式 (14.2)).

$$\text{R-C}\begin{smallmatrix}\text{O}\\\text{O-H}\end{smallmatrix} + \text{H}^+ \rightleftarrows \text{R-C}\begin{smallmatrix}\text{O}\\+\\\text{O-H}\\\text{H}\end{smallmatrix} + \text{R-C}\begin{smallmatrix}+\\\text{O-H}\\\text{O-H}\end{smallmatrix} \quad (14.2)$$

 しかし,実際にプロトンの付加で生成するのはカルボニル酸素へ結合したものである.その理由は式 (14.3) をみれば明らかな通り,カルボニル酸素への付加物は共鳴によって正電荷が2個の酸素原子に均等に分配されて,より安定になるからである.

$$\text{R-C}\begin{smallmatrix}+\\\text{O-H}\\\text{O-H}\end{smallmatrix} \longleftrightarrow \text{R-C}\begin{smallmatrix}\text{O-H}\\+\\\text{O-H}\end{smallmatrix} \quad (14.3)$$

14.3 アミノ酸

 アミノ基をもったカルボン酸は一般にアミノ酸と呼ばれているが,中でもタンパク質の分解で得られる α-アミノ酸を指すことも多い.α の名称は,カルボキシ基の隣の炭素から順に $\alpha, \beta, \gamma, \cdots$ のように位置を示す方法に従ったもので,組織名の位置番号を使えば 2-アミノ誘導体にあたる.

$$\text{HOOC}-\overset{\alpha}{\text{CH}_2}-\overset{\beta}{\text{CH}_2}-\overset{\gamma}{\text{CH}_2}-----\text{R}$$

 前章で述べたように,アミノ基は有機化合物の中では強い塩基性を示す.このような基が,1つの化合物において酸性をもつカルボン酸と共存していれば,酸と塩基の反応が1つの化合物内で起こることが予想できる.この反応

は，実際に水溶液中で起こるが，そのときのアミノ酸の状態は溶液の水素イオン濃度によって変わる．

$$\underset{(A)}{\underset{NH_3^+}{R-CH\,COOH}} \xrightleftharpoons{K_1} \underset{(B)}{\underset{NH_3^+}{R-CH\,COO^-}} \xrightleftharpoons{K_2} \underset{(C)}{\underset{NH_2}{R-CH\,COO^-}} \quad (14.4)$$

pH 小 ←――――――――――→ pH 大

すなわち，酸性の強い（pH が小）溶液中では，アミノ基はプロトンを受けアンモニウムイオン型の陽イオンになり，またカルボキシ基は解離しにくい（式 (14.4) の (A))．酸性が弱く，中性に近くなるとカルボキシ基の解離が可能となり，(B) のような構造をとるものが増える．この構造は分子内の酸・塩基反応に相当するものである．さらに pH が増加し，液がアルカリ性になると，アミノ基に結合していたプロトンも解離して (C) の構造になる．つまり，水溶液中の水素イオン濃度の大小に応じて構造 (A) と (B)，(B) と (C) の間に平衡が成立する．それぞれの平衡定数を K_1，K_2 とすると，式 (14.5)，(14.6) のように表される．

$$K_1 = \frac{[RCH(NH_3^+)COO^-][H^+]}{[RCH(NH_3^+)COOH]} = \frac{[B][H^+]}{[A]} \quad (14.5)$$

$$pK_1 = -\log([B]/[A]) + pH$$

$$K_2 = \frac{[RCH(NH_2)COO^-][H^+]}{[RCH(NH_3^+)COO^-]} = \frac{[C][H^+]}{[B]} \quad (14.6)$$

$$pK_2 = -\log([C]/[B]) + pH$$

この平衡をアミノ酸と強酸（例えば塩酸，硫酸など）との塩について考えてみよう．この塩の水溶液ではアミノ酸は (A) の状態にあるが，これに水酸化ナトリウム水溶液を少量ずつ加えて溶液の pH を徐々に変化させる．pH が増すにつれて (B) の量が増えるが，(A) と (B) の濃度が等しくなったとき，式 (14.5) でわかるように，K_1 は水素イオンの濃度と等しくなる．あるいは 2 行目に示したように，pK_1 と pH が等しくなるといってもよい．さらに添加を続けると，(B) と (C) の濃度が等しくなった時点で pK_2 と pH が等しく

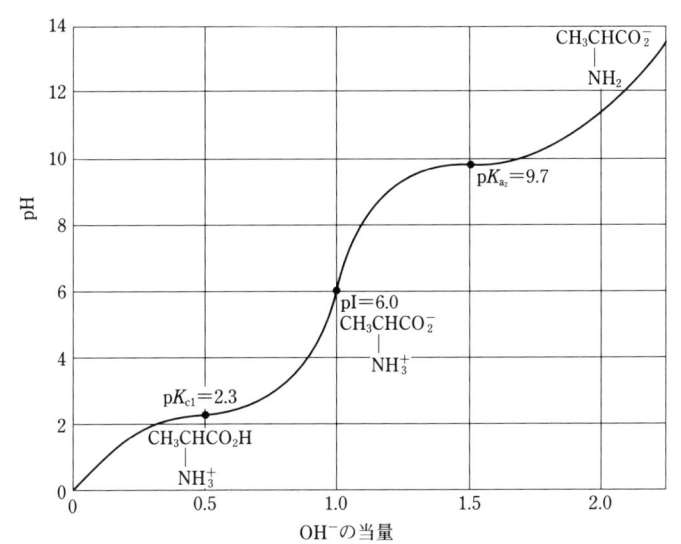

図14.2 塩酸アラニンの水溶液（約 1 mol l^{-1}）に水酸化ナトリウム水溶液を加えていった際の pH 変化（pI は等電点を示す）

なる（式 (14.6)）．したがって，水酸化ナトリウム水溶液を加えながら溶液のpH の変化を調べ，変化が急激に起こる点を求めることにより，アミノ酸の酸解離定数 pK_1 と pK_2 が求められる（図14.2）．

例として，アラニン，リシン，およびグルタミン酸の pK_a を下に示す．このように，酸，塩基によらず酸解離定数を用いたほうが，表現は簡単になる．

$$\underset{\text{アラニン}}{\underset{\text{NH}_2 \;\; 9.69}{CH_3\text{-}\overset{2.34}{CH}\text{-}COOH}} \qquad \underset{\text{グルタミン酸}}{\underset{\text{NH}_2 \;\; 9.67}{HOOC\text{-}(CH_2)_2\text{-}\overset{2.19}{CH}\text{-}COOH}} \qquad \underset{\text{リシン}}{\underset{\text{NH}_2 \;\; 8.90}{H_2N\text{-}(CH_2)_4\text{-}\overset{2.20}{CH}\text{-}COOH}}$$

14.4 カルボン酸の合成

(1) 二重結合の酸化（4.4.3項参照）

$$R^1CH=CHR^2 \xrightarrow[>\text{室温}]{KMnO_4} R^1COOH + R^2COOH \qquad (14.7)$$

(2) グリニャール反応(9.3.3項参照)

$$RMgX + O=C=O \longrightarrow R-\underset{\underset{O}{\|}}{C}-OMg \xrightarrow{H_2O} RCO_2H \qquad (14.8)$$

式に示したように,この反応は二酸化炭素の一方のカルボニル基に対するグリニャール試薬の付加から始まる.二酸化炭素としては,ドライアイスがよく使われる.

(3) 芳香族炭化水素の側鎖の酸化

ベンゼン環のような芳香環に結合したアルキル基は,適当な酸化剤により容易に酸化されてカルボキシ基に変わる(式 (14.9)).例えば,トルエンは過マンガン酸カリウム水溶液と加熱すると安息香酸カリウム(水溶性)と二酸化マンガンを生じるので,二酸化マンガンを濾別した後,沪液を濃縮してから強酸で酸性にして安息香酸を遊離させる.工業的な製法では,酸化剤としては酸素を使う(式 (14.10)).

$$C_6H_5\text{-}CH_2R \xrightarrow{\text{酸化剤}} C_6H_5\text{-}COOH \qquad (14.9)$$

$$C_6H_5\text{-}CH_3 + 2O_2 \longrightarrow C_6H_5\text{-}COOH + H_2O \qquad (14.10)$$

(4) アルコール,アルデヒドの酸化

第1級アルコールは酸化によりアルデヒドを経てカルボン酸を生じる.

$$R\text{-}CH_2OH \xrightarrow{\text{酸化剤}} R\text{-}CHO \xrightarrow{\text{酸化剤}} R\text{-}COOH \qquad (14.11)$$

(5) ニトリルの加水分解

$$R\text{-}C\equiv N \xrightarrow[H_2O]{H^+ \text{または} OH^-} R\text{-}COOH \qquad (14.12)$$

シアノ基をもった化合物を一般にニトリルとよぶが,酸またはアルカリの存在で加水分解すると,カルボン酸を生じる.

(6) カルボン酸誘導体の加水分解

この方法については次章で述べる.

食品中のカルボン酸，偶数炭素酸

　植物油の主成分はパルミチン酸（ヘキサデカン酸）$C_{15}H_{31}COOH$，ステアリン酸（オクタデカン酸）$C_{17}H_{35}COOH$，ミリスチン酸（テトラデカン酸）$C_{13}H_{27}COOH$，ラウリン酸（ドデカン酸）$C_{11}H_{23}COOH$ などの脂肪酸とグリセリンからなるエステルである．これらの高級脂肪酸に共通していることは，構成炭素数がカルボキシ基を含めるといずれも偶数になることである．この現象はほとんど例外なく，天然に得られる高級脂肪酸にあてはまる．事実，これらのカルボン酸の中間にあたる奇数の炭素からなるカルボン酸は天然の油脂からは得られず，例えば名称もウンデカン酸，トリデカン酸のように，慣用名ではない．このことは，慣用名をもったカルボン酸は炭素2個の単位から生合成されていることを示唆している．

　この生合成に使われる「原料」は酢酸である．このことは，カルボキシ基炭素を ^{14}C で同位体標識した酢酸ナトリウムをいろいろな生物に与えると，炭素同位体を含んだ偶数炭素からなる脂肪酸が得られ，しかも ^{14}C は1つおきに入っていることから確かめられた（式（14.13））．

$$CH_3{}^*COOH \longrightarrow CH_3{}^*CH_2\text{-}CH_2{}^*CH_2\text{-}\cdots\text{-}CH_2{}^*COOH \tag{14.13}$$

　面白いことは，このような高級脂肪酸が代謝により分解される場合，やはりカルボキシ基末端から炭素2個ずつはずれていくことである．したがって，カルボキシ基から最も離れた炭素に代謝分解ができないフェニル基が結合している脂肪酸を犬に与えると，式（14.14）に示すように，安息香酸のようなフェニル基を含んだ酸が排泄されてくる（問題14.5参照）

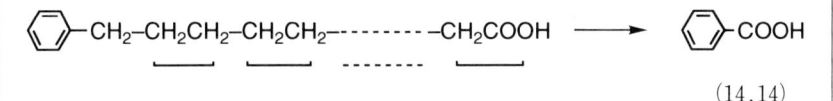

$$\text{C}_6\text{H}_5\text{-}CH_2\text{-}CH_2CH_2\text{-}CH_2CH_2\text{------}CH_2COOH \longrightarrow \text{C}_6\text{H}_5\text{-}COOH \tag{14.14}$$

【演習問題】

14.1 安息香酸について，ベンゼン環を含む共鳴構造を記せ．その構造からカルボキシ基の酸性についてどのようなことが推定できるか．

14.2 クロロ酢酸とトリクロロ酢酸ではどちらの酸性が強いか．また，フルオロ酢酸とクロロ酢酸とではどうか．

14.3 2,4,6-トリメチル安息香酸（以下，Ar-COOH と記す）を濃硫酸に溶かすと，カチオン Ar-CO$^+$ が生じる．

(1) カルボキシ基の塩基性を考慮して，このカチオンが生じる過程を記せ．
(2) このカチオンが安定な理由を，ベンゼン環との共鳴を使って説明せよ．
(3) このカチオンの CO$^+$ 炭素原子の混成状態は何か．

14.4 アラニンのカルボキシ基の解離定数がプロピオン酸の解離定数（pK_a = 4.86）より小さいのはなぜか．また，グルタミン酸のカルボキシ基およびリシンのアミノ基に相当する2つの pK_a 値（測定の段階ではどちらの基が解離したのかわからない）が，それぞれ構造式に示したように帰属できる理由を述べよ．（ヒント：pK_a に対する置換基の効果を考えよ）

14.5 式（14.14）に示した脂肪酸の代謝で，カルボキシ末端から炭素を2個ずつ取っていったときに，残りの部分が PhCH$_2$CH$_2$- となった場合に排泄される化合物の構造を示せ．

14.6 次の反応に使われている試薬 A, B, C（溶媒を含む）および生成物 D は何か．

$$\text{R-OH} \xrightarrow{\boxed{A}} \text{R-I} \xrightarrow[2\boxed{C}]{1\boxed{B}} \boxed{D} \xrightarrow{H^+, H_2O} \text{R-COOH} \quad (14.15)$$

14.7 次の反応式の試薬 A と生成物 B の構造を記せ．

$$\text{R-CHO} \xrightarrow{\boxed{A}} \underset{\text{CN}}{\text{R-CHOH}} \xrightarrow{H^+, H_2O} \boxed{B} \quad (14.16)$$

15

カルボン酸誘導体

　カルボン酸にはいくつかの誘導体が知られていて，それぞれ特徴のある性質を示す．この章では，それらの誘導体に共通の性質についてまず述べ，次にそれぞれの誘導体について述べる．

15.1　カルボン酸誘導体の種類と共通の性質

15.1.1　誘導体の種類と構造

　カルボン酸の誘導体とみなされている化合物には次のようなものがある．
① エステル R^1COOR^2
　　例：$CH_3COOC_2H_5$　酢酸エチル
② アミド R^1CONH_2, R^1CONHR^2, $R^1CONR^2R^3$
　　例：$CH_3CONHC_2H_5$　N-エチルアセトアミド
③ 酸無水物 $RCO-O-COR$
　　例：$(CH_3CO)_2O$　無水酢酸
④ 酸塩化物 $RCOCl$
　　例：C_6H_5COCl　塩化ベンゾイル

　このほか，ニトリル $RC\equiv N$ も加水分解によりアミドを経てカルボン酸を生成する（14.4節参照）ので，カルボン酸誘導体とされることもあるが，ここでは除く．

15.1.2 共通の構造—アシル基

これらの化合物の構造に共通した点は,RCO という部分が含まれていることである.すなわち,どの誘導体の構造も RCO-X のように書ける.この共通部分 RCO の一般名をアシル基(acyl)という.個々の基の名称は,もとのカルボン酸の英語名の語尾 ic または oic を,それぞれ yl または oyl に置き換えてつくる.

$HCOOH$ **form**ic acid ⟶ $HCHO-$ ホルミル (**fomyl**)
CH_3COOH **acet**ic acid ⟶ CH_3CO- アセチル (**acetyl**)
C_6H_5COOH **benzo**ic acid ⟶ C_6H_5CO- ベンゾイル (**benzoyl**)

15.1.3 共通の性質

a. 加水分解反応

式(15.1)〜(15.4)に示すように,いずれの化合物からもカルボン酸が生成する.

$$R^1COOR^2 \xrightarrow[H_2O]{H^+ (またはOH^-)} R^1COOH (またはR^1COO^-) + R^2OH \quad (15.1)$$

$$R^1CONR^2R^3 \xrightarrow[H_2O]{H^+ (またはOH^-)} R^1COOH (またはR^1COO^-) + R^2R^3NH \quad (15.2)$$

$$(RCO)_2O \xrightarrow{H_2O} 2RCOOH \quad (15.3)$$

$$RCO\text{-}Cl \xrightarrow{H_2O} RCOOH + HCl \quad (15.4)$$

エステルの加水分解では,酸またはアルカリを触媒として用いる必要がある.アルカリを触媒とする場合の生成物はカルボン酸ではなくその塩であり,塩が水溶性の場合は,反応後の液は均一になる.酸無水物と酸塩化物は容易に加水分解を受け,発熱して分解する.

b. 求核試薬との反応

アミドを除く残りの3種の誘導体は求核試薬と反応して,相当する誘導体を生成する.代表的な求核試薬としてアルコールとアミンを作用させた場合の反

応を，式 (15.5) ～ (15.8) に示す．

$$R^1COOR^2 + R^3OH \xrightarrow{H^+} R^1COOR^3 + R^2OH \qquad (15.5)$$

$$R^1COOR^2 + R_2NH \longrightarrow R^1CONHR_2 + R^2OH \qquad (15.6)$$

$$(R^1CO)_2O + ROH\,(R_2NH) \longrightarrow R^1COOR\,(R^1CONHR_2) + RCOOH \qquad (15.7)$$

$$RCO\text{-}Cl + ROH\,(R_2NH) \longrightarrow R^1COOR\,(R^1CONHR_2) + HCl\,(R_2NH \cdot HCl) \qquad (15.8)$$

この中で，式 (15.5) の反応はエステルのアルコール部分の交換反応である．過剰のアルコールとエステルを酸触媒の存在で加熱することによって反応が進行する．エステルとアミン（ここでは第1級アミンで代表させた）との反応（式 (15.2)）は平衡反応ではないのでアミンを過剰に加える必要はない．

酸無水物と酸塩化物は，水との反応と同様，発熱してエステルあるいはアミドを生じる（式 (15.3)，(15.4)）．酸塩化物では反応の際に塩化水素が生じるが，アミンはこの塩化水素とただちに塩を作る．この2つの試薬は，容易にエステルやアミドを生成するので，これらの化合物の合成試薬としてよく用いられ，アシル化試薬と呼ばれている．

ここまで，「加水分解」と「求核試薬との反応」の2つに分けて述べたが，水が求核試薬の一種であることを考えれば，じつは加水分解反応も求核試薬の引き起こす反応の1つにすぎない．触媒の役割や反応の機構については誘導体それぞれの項で述べる．

15.2 エステル

15.2.1 命 名 法

日本語では，アルコールに由来するアルキルまたはアリール基の名称とカルボン酸名を組み合わせて命名する．英語では語順が逆になり，日本語の酸に相当する語は語尾 ic を ate（この語は RCOO を示すもので，酢酸ナトリウム sodium acetate のように塩の名称にも使われる）に変えたものである．

CH₃COOC₂H₅　酢酸エチル（ethyl acetate）

C₆H₅COOC₆H₅　安息香酸フェニル（phenyl benzoate）

分子内にヒドロキシ基とカルボキシ基をもつ化合物は分子内で環状のエステル結合を作ることができる．これをラクトンという．特に，五員環あるいは六員環のラクトンは容易に生成する．

15.2.2 性　　質

カルボキシ基のOHがORに変わるため水素結合ができず，分子間力が弱くなるので融点も沸点もカルボン酸より低くなる（表15.1）．

エステルは特有のにおいをもつものが多く，なかでも低級脂肪酸のエステルは果物に似た芳香をもつものもあり，人工エッセンスとして利用されている．

表15.1　カルボン酸とそのエステルの融点と沸点

	融点/℃	沸点/℃
HCOOH	8.4	100.8
HCOOCH₃	−99.8	31.8
HCOOC₂H₅	−80.5	54.5
CH₃COOH	16.7	118.0
CH₃COOCH₃	−98.0	56.9
CH₃COOC₂H₅	−83.6	77.1

15.2.3 反　　応

a. 酸加水分解とその機構

エステルの加水分解については15.1.3項で述べた．ここではその機構について考えてみよう．必要な知識は，ヒドロキシ基OH，アルコキシ基OR，カルボニル基C=Oなどの酸素原子が塩基性をもつということだけで，このこともすでに述べた．反応式（15.9）にはプロトンを触媒とした場合の加水分解の機構が示してある．

プロトンは，まずカルボニル基酸素の非共有電子対と結合してイオン1になる．エーテル結合をしたOR²酸素と結合するプロトンもあるはずであるが，これはその後の加水分解につながらないので，省略してある．1は右側の共鳴構造に示したように炭素上にも正電荷をもつ．この炭素に溶媒でありまたルイ

$$\begin{array}{c} R^1-\underset{O}{\overset{OR^2}{C}} \rightleftarrows \underset{H^+}{} R^1-\underset{O-H}{\overset{OR^2}{\overset{+}{C}}} \leftrightarrow R^1-\underset{O-H}{\overset{OR^2}{\overset{+}{C}}} \underset{H_2O}{\rightleftarrows} R^1-\underset{\underset{1}{O-H}}{\overset{OR^2}{\overset{+}{C}-OH_2}} \\ \\ \rightleftarrows R^1-\underset{\underset{3}{O-H}}{\overset{H-OR^{2+}}{\overset{|}{C}-OH}} \underset{-R^2-OH}{\rightleftarrows} R^1-\underset{\underset{4}{O-H}}{\overset{+}{C}-OH} \underset{-H^+}{\rightleftarrows} R^1-\underset{O}{\overset{OH}{C}} \end{array}$$

(15.9)

ス塩基でもある水分子の酸素原子が配位型の結合を作って **2** を生じる．この結合により水の酸素原子に正電荷を生じることになるが，この部分の構造は OH にプロトンが結合したものとみなすこともできる．このプロトン（本来は水分子の水素）は **2** の中のほかの酸素原子に移動することがあってもよく，そうなっても **2** に比べて特に不安定な構造とはならない．さて，実際にプロトンを移動してみると，OR^2 酸素上に移動したもの **3** が，可能なもう 1 つの構造として，**2** と平衡になると考えられる（プロトンがヒドロキシ基酸素上に移動した構造は **2** と全く同じものなのでここでは考慮から省く）．この **3** からアルコール R^2OH が脱離するとカルボカチオン **4** となるが，**4** は式（14.2）に示したようにカルボン酸にプロトンが付加したものである．したがって，**4** からプロトンが脱離するとカルボン酸が生じる．この段階でエステルに付加したプロトンは回収され，結果プロトンは触媒として作用していることになる．

　この反応で注意してほしいのは，全段階が平衡反応であるということである．したがって，加水分解反応は平衡反応ということになる．加水分解は，この平衡系を左から右にたどっていったが，これを逆に右から左にたどるとカルボン酸とアルコールからエステルが生成する反応の機構になる．つまりわれわれは，どちらの方向に反応を進行させたい（平衡を傾けたい）かによって，反応試薬の割合や組合せを変えているだけなのである．

b．アルカリ加水分解および求核試薬との反応

　エステルの加水分解反応には，もう 1 つ，水酸化物イオン OH^- を使う反応がある．この反応の機構を理解するのに必要な知識は，カルボニル基の炭素原子は求核試薬の攻撃を受ける（12.3.2 項参照）ということだけである．式

(15.10) にその機構を示した．

$$R^1-C\begin{matrix}OR^2\\\\O\end{matrix} \xrightleftharpoons{OH^-} R^1-\underset{\underset{O^-}{5}}{\overset{OR^2}{C}}-OH \xrightarrow{-R^2OH} R^1-C\begin{matrix}O\\\\O^-\end{matrix} \quad (15.10)$$

　求核試薬であり塩基でもある水酸化物イオンは，エステルの中の正電荷を帯びたカルボニル炭素と結合し，**5** となる．このときカルボニル基の二重結合の π 電子は水酸化物イオンの負電荷に押されて酸素原子上に移動する．この **5** からアルコール R^2OH が脱離すると，カルボン酸陰イオン（金属塩として書かれることもある）が生じて反応は終結する．この反応はアルカリ水溶液を使うため生成物はカルボン酸ではなくそのイオンである．したがって，この機構の最後の段階は不可逆であり，アルカリ加水分解反応自身も不可逆反応である．この反応では，少なくともエステルと等モルの水酸化物イオンを必要とする．

　式（15.6）に示したアミンのような求核試薬との反応も，アミンが非共有電子対を容易に与えることができる（塩基である）ことから出発する．エステルのカルボニル炭素がルイス酸の役割を果たしてカルボニル炭素と窒素の結合が生じることが理解できれば，後の段階は式（15.10）を参考にして容易に書くことができる．この反応も不可逆である．

15.2.4　合　　成

　前項の加水分解機構でも述べたように，カルボン酸とアルコールの混合物に酸触媒を加えて加熱するか（式（15.5）），アルコールにアシル化試薬を作用させる（式（15.7），（15.8））．

15.3　ア　ミ　ド

15.3.1　命　名　法

（1）慣用名

　英語では酸の慣用名の語尾 ic あるいは oic を amide に変える．アミンに IUPAC 命名法で認められた慣用名があるときはその語尾 ine を ide として

amide の代わりにおく．日本語はそれらの音訳を採用する．

  CH₃CONH₂ アセトアミド（acetamide）
  C₆H₅CONHC₆H₅ ベンズアニリド（benzanilide）

(2) IUPAC 命名法

アルカン酸をアルカンアミドにする．

  CH₃CH₂CH₂CH₂CONH₂ ペンタンアミド（pentanamide）

カルボン酸で終わる命名法では，カルボキサミド（carboxamide）とする．

  C₆H₁₁-CONH₂ シクロヘキサンカルボキサミド
        （cyclohexanecarboxamide）

(3) 窒素置換基

アミド窒素に置換基があるときは，N-でその位置を表す．

  C₆H₅CONHC₂H₅ N-エチルベンズアミド（N-ethylbenzamide）

(4) ラクタム

環状の分子内アミドをラクタム（lactam）という．

$$H_2NCH_2CH_2CH_2CH_2CH_2COOH \longrightarrow \text{(環状ラクタム構造)}$$

  e-アミノカプロン酸   e-アミノカプロラクタム
  （6-アミノヘキサン酸）
  e-aminocaproic acid   e-aminocaprolactam

(5) 基名

原子団 CONH₂ の置換基名はカルバモイル（carbamoyl）である．

15.3.2 性質と反応

a. 共鳴構造

アミド結合-CON<には式（15.11）に示すような共鳴構造が書ける．

$$-\overset{}{\underset{:\!\overset{..}{O}\!:}{C}}-\overset{..}{N}\diagup \quad \longleftrightarrow \quad -\overset{}{\underset{:\overset{..}{O}\!:^-}{C}}=\overset{+}{N}\diagup \tag{15.11}$$

カルボニル二重結合と非共有電子対を含む共鳴はエステルにおいても書くことはできるが，電気陰性度がより小さな窒素原子がかかわるアミドの共鳴の方

が非共有電子対の非局在効果が大きい．この効果のため，カルボニル炭素原子はエステルの場合ほど正電荷を帯びず，求核試薬の攻撃を受けにくい．アミドがエステル交換反応に類似した反応を示さないのはこのためである．

式 (15.11) の共鳴が単に式のうえだけでないことは，このほかに
① 強酸を作用させるとプロトンは酸素と結合する．
② 炭素-窒素感には二重結合性がある（問題 5.6 参照）．

という事実があげられる．

b． 水素結合

アミドの CONH という構造は COOH とよく似ていて，その NH は水素結合をすることができる．したがって，表 15.2 に示したように，NH 基をもつアミドの融点や沸点は NH をもたないアミド（分子量はこちらの方が大きい）よりも高い．

タンパク質ではアミド結合によりアミノ酸どうしが結合しているから，これだけの影響力をもった水素結合が，タンパク質と溶媒との相互作用やタンパク質の構造を一定のかたちに保つ（分子内の水素結合による）うえで重要な役割を果たしていることは容易に想像できるであろう．アルコールやカルボン酸で述べたようにこのような結合は親水性であり，例えば，表 15.2 にあげたアミドはどれも水によく溶ける．分子量が大きなタンパク質が水中でコロイド溶液となることも納得できるであろう．

表 15.2 簡単なアミドの融点と沸点

	融点/℃	沸点/℃
$HCONH_2$	2.6	210.5
$HCONHCH_3$	—	180〜185
$HCON(CH_3)_2$	−61	153
CH_3CONH_2	81	222
$CH_3CONHCH_3$	28	204〜206
$CH_3CON(CH_3)_2$	—	166.5

—：測定値が不明であることを示す．

15.3.3 合　　成

ほとんどの場合，第 1 級または第 2 級アミンにアシル化試薬を作用させて合成する（式 (15.7)，(15.8)）．

15.4 酸無水物

カルボン酸の名称の前に無水をつける．
$CH_3CO\text{-}O\text{-}COCH_3$　無水酢酸 (acetic anhydride)
この名称は水を含まない純粋な酢酸と誤解されやすい．この無水の酢酸の方は氷酢酸と呼ばれている．酸無水物のなかで最もよく使われるのは無水酢酸で，この化合物だけは市販されている．

15.5 酸塩化物

アシル基名の前に塩化をつけて命名する．
CH_3COCl　塩化アセチル (acetyl chloride)
塩化物だけでなくほかのハロゲン化物もあるが，実際にアシル化試薬として使われるのはほとんど塩化物である．
塩化物はカルボン酸に塩化チオニル $SOCl_2$ あるいは五塩化リン PCl_5 を作用させて合成する．塩化チオニルとの反応を式 (15.12) に示した．この反応は酸塩化物以外の生成物が気体なので，目的物が容易に取り出せるという利点がある．

$$RCOOH + SOCl_2 \longrightarrow RCO\text{-}Cl + SO_2 + HCl \quad (15.12)$$

【演習問題】

15.1 塩化アセチル CH_3COCl とジエチルアミン $(C_2H_5)_2NH$ の反応により N,N-ジエチルアセトアミド $CH_3CON(C_2H_5)_2$ を合成するため，トルエンに 0.1 mol のジエチルアミンを溶かし，容器を振りながら 0.1 mol の塩化アセチルを少量ずつ滴下した．滴下が進むにつれて，溶液中に無色の沈殿が生じる．加え終わって発熱が収まったところで，反応混合物を水にあけ，生成物を取り出した．

(1) 反応中に生じた無色の沈殿は何か．

(2) 生成物の量を測ったところ,反応した塩化アセチルは用いた量の50%にも満たないことがわかった.反応量が少なかった理由を考えよ.

15.2 表15.1でギ酸エチルと酢酸メチルの沸点は2.5℃しか違わない.同様に,酢酸エチルの沸点ととプロピオン酸メチルの沸点(79.7℃)もほとんど同じである.このことから,エステルの沸点について,一般則としてどのようなことが推定できるか.

15.3 反応式(15.9)の第1段階で,エーテル結合をしたOR^2酸素とプロトンが結合してアルコールR^2OHが脱離する反応はなぜ進行しないのだろうか.

15.4 反応式(15.10)を参考にして,酢酸エチルとアニリンからアセトアミド$CH_3CONHPh$が生成する反応の機構を示せ.

15.5 アミドは強酸に溶かすとプロトンは窒素ではなく酸素と結合する.なぜ窒素ではないのか.共鳴(15.11)を参考にして説明せよ.

15.6 ジメチルホルムアミド$HCON(CH_3)_2$の2個のメチル基はNMRという方法で測定すると,室温では異なった環境にある(等価でない)ことがわかる.共鳴(15.11)を参考にしてこの原因を説明せよ.

15.7 酸塩化物がエステルやアミドとくらべて,はるかに容易に水や求核試薬と反応するのはなぜか.

16

ニトロ化学物と芳香環への置換反応

　この章では，ニトロ化合物に特有のニトロ基の構造について述べるとともに，ベンゼンおよびその誘導体に対するニトロ化反応を例にして，ベンゼン環への求電子置換反応の配向性について考える．

16.1　命名法とニトロ基の構造

16.1.1　命　名　法

　ニトロ化合物を表す接尾語はない．したがって，接頭語ニトロを使って命名する．慣用名としてニトロという名称をもつ化合物の中には，アルコールの硝酸エステル R-ONO$_2$ を指すことがあるので注意する必要がある．ニトログリセリンはその代表的な例である．

16.1.2　ニトロソ基の構造

　ニトロ基より酸素原子が1個少ない基としてニトロソ基（-NO）(nitroso) がある．まず，この基の構造を考えよう．窒素の価電子5個のうち1個は単結合，2個は酸素との二重結合を形成し，残りの2個は非共有電子対となる．p軌道の1つが2重結合に使われるため，残りの3つの軌道（2sと2つの2p）はsp^{2}混成軌道をつくる．このことからわかるように，C-N=O結合は直線ではない．例えば，ニトロソメタン CH$_3$NO の C-N-O の結合角は113°である．

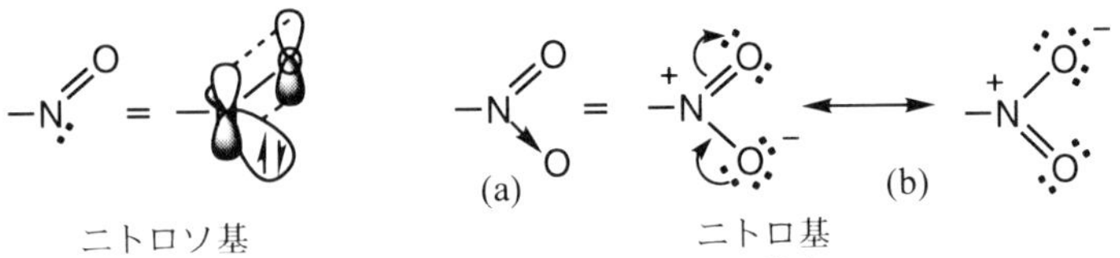

図 16.1 ニトロソ基とニトロ基の構造

非共有電子対はこの混成軌道の1つに入っている（図 16.1）．

16.1.3 ニトロ基の構造

ニトロ基はニトロソ基の非共有電子対に酸素原子が配位型の共有結合をしたものである（図 16.1(a)）．しかし，この構造はむしろ非共有電子対（酸素原子上）に隣接する二重結合という共鳴構造系とみなすこともでき，式（7.3）にならって (b) のような2つの共鳴構造が書ける．この共鳴構造で注目したいのは，両者が等価である，すなわち実質的に同じ構造でエネルギーが等しいことである．このような場合，共鳴の効果は最も有効に作用することはすでに述べた．この共鳴構造を適用することが正しければ，ニトロ基の N-O 結合は同じ長さになはずである．事実，例えばニトロメタン CH_3NO_2 の N-O 結合距離はどちらも 0.122 nm と等しい．負電荷も，2個の酸素上に 1/2 ずつ均等に分布しているはずである*.

*：高校化学の教科書でもニトロ化合物は必ず登場するが，ニトロ基自身の構造は共鳴を使わないと正確に表現できないので，単純に NO_2 という原子団として扱われている．

なお，(b) の共鳴は，N^+ の部分を炭素原子に置き換えるとカルボン酸陰イオンの共鳴構造（図 14.1(b)）になる．$-NO_2$ の NO_2 部分と $-CO_2^-$ の CO_2^- 部分の価電子数はともに 15 で等しく，このような関係にある構造を等電子構造であるという．

16.2 ニトロ化反応と求電子置換反応の配向性

16.2.1 ニトロ化反応

ニトロ基を導入する反応をニトロ化というが，最も普通に採用されているニトロ化法は濃硝酸と濃硫酸の混合物を使う方法である．この方法においてなぜ

16.2 ニトロ化反応と求電子置換反応の配向性　189

濃硫酸が必要なのか，この酸混合物の中で起こっている現象を眺めてみよう．

$$H\text{-}O\text{-}NO_2 + H_2SO_4 \rightleftharpoons \overset{H}{\underset{H}{>}}\overset{+}{O}\text{-}NO_2 + HSO_4^- \quad (16.1)$$

$$+)\ \overset{H}{\underset{H}{>}}\overset{+}{O}\text{-}NO_2 + H_2SO_4 \rightleftharpoons H_3O^+ + NO_2^+ + HSO_4^- \quad (16.2)$$

$$HNO_3 + 2H_2SO_4 \rightleftharpoons H_3O^+ + NO_2^+ + 2HSO_4^- \quad (16.3)$$

硝酸と硫酸はどちらも強酸に属すが，両者を比べると硫酸の方が強い．その結果，一部の硝酸のヒドロキシ基はプロトンの付加を受ける．つまり，硫酸が酸，硝酸が塩基として作用する（式 (16.1)）．プロトンの付加を受けた硝酸は水を放出して，ニトロイルイオン（ニトリルイオン，ニトロニウムイオンなどともいう）NO_2^+ を生じる．濃硫酸中では水はただちにプロトン付加を受けてオキソニウムイオンになってしまうので，反応式 (16.2) にはその変化も含めて示してある．この2つの平衡は連続して起こるので，変化全体としては，2つの平衡式の左辺，右辺をそれぞれ足し合わせたうえ，両辺に共通のイオンを消し去った式 (16.3) のようになる．ここで生じたニトロイルイオンがニトロ化反応の主役である．

16.2.2　モノ置換ベンゼンのニトロ化

すでに1個の置換基をもったベンゼン（モノ置換ベンゼン）をニトロ化すると，ニトロ基はどの位置に入るであろうか．生成しうるオルト，メタ，パラの異性体比が置換基によってどう変化するかを表16.1に示した．

ニトロ化される位置がランダムに決まっているとすると，オルト：メタ：パラ＝40：40：20の比になるはずである．しかし，表16.1に示した生成物の分布をみると，3種の異性体の生成比がそのような値となる置換基はなく，それからのずれ方によって，はっきりと2種類に分類できることがわかる．すなわち，オルト体とパラ体を主生成物とするものと，メタ体を主生成物とするものの2つである．置換基が次に入ってくる基を特定の位置に誘導する性質を配向性といい，上の2つのうち前のグループ（表中のCH_3からBrまで）をオル

表16.1 モノ置換ベンゼン C_6H_5X のニトロ化異性体の生成比

置換基	オルト異性体(%)	メタ異性体(%)	パラ異性体(%)
CH_3	58	4	38
$NHCOCH_3$	19	2	79
OCH_3	31	2	67
OH	50〜55	1	45〜50
Cl	30	1	69
Br	37	1	62
NO_2	6	93	<1
$COOH$	19	80	1
CHO	19	72	9
$CO_2C_2H_5$	28	69	3
$N(CH_3)_3^+$		89	11

(生成比は反応条件によってある程度変化する.)

表16.2 オルト-パラ配向性およびメタ配向性の代表的な置換基

オルト-パラ配向性	R(アルキル),Ar(アリール),NH_2,NHR,NHCOR,OH,OR,OCOR,F,Cl,Br,I など
メタ配向性	CF_3,CCl_3,CHO,COR,COOH,COOR,$CONR_2$,NH_3^+,NR_3^+,NO_2,CN,SO_3H,SO_2R など

ト-パラ配向性の置換基,後のグループ(表中の NO_2 から $N(CH_3)_3^+$ まで)をメタ配向性の置換基と呼んでいる.このような分類法に従って多くの置換基を分けると,表16.2のようになる.

16.2.3 配向性の説明

置換基によってなぜこのような違いが起こるのか,という問題は共鳴を使って説明できる.このような現象は,ニトロ化だけでなく正電荷をもった試薬あるいは強いルイス酸でも起こるので,反応試薬を一般化して A^+ と書いて説明することにしよう.この型の反応を求電子置換反応といい,A^+ を求電子試薬という.以下,2つの方法によって説明する.

a. 中間体の安定性による説明

この説明では反応の途中で生成する中間体に着目する.求電子試薬はベンゼン環の炭素のどれかを攻撃するが,いったん炭素とAの間に結合が生成したエネルギーの高い状態が中間体として生じる(式 (16.4) 〜 (16.6)).

16.2 ニトロ化反応と求電子置換反応の配向性

$$(16.4)$$

$$(16.5)$$

$$(16.6)$$

これからプロトンが取れれば生成物になるし，A^+ が取れればまた出発点に戻る．このような中間体を通ることはいろいろな証拠からわかっている．中間体の C-A 結合はベンゼンの π 電子が A^+ に配位するかたちで形成されるので，ベンゼンは電子不足となり正電荷が環内に分散される．もし，どこかの位置に反応が起こった場合に，この中間体が他よりも安定，すなわちエネルギーの低い状態であれば，反応は主にその中間体を経て進行する．中間体における正電荷の分布を共鳴構造で書くと，式 (16.4) から (16.6) に示したように，どの異性体が生成する経路でも 3 種の構造が書ける．一般に同じような構造がより多く書ける（電荷の分布がより広い）構造の方がより安定と考えられるが，この場合は同数なので，共鳴構造の数は安定性の決め手にはならない．そこで，個々の構造，特に置換基 X をもつ炭素原子上に正電荷がある構造に着目する．

まずオルト，パラ配向性の置換基であるが，オルト置換にもパラ置換にも共通して (a) のような部分構造をもった共鳴構造がある．表 16.2 をみると，炭化水素基を除く他の基はすべて非共有電子対をもっている．したがって，(a) に対してさらに非共有電子対が関与する新たな共鳴構造が書け，正電荷

(a) オルト-パラ配向性置換基　　　(b) メタ配向性置換基

図 16.2　共鳴構造の安定性を支配する部分構造

の分布領域が広がることになる．また，アルキル基は共鳴構造は書けない（アリール基は書ける）ものの，正電荷をもった炭素に対して電子を押し出す効果があり，やはり (a) の構造は安定化される．この型の共鳴構造はメタ置換ではないので，X がこのような効果をもった置換基ならば，オルトまたはパラ位への置換が優先されることになる（オルト位とパラ位のどちらが有利になるかは，置換基と反応試薬との引力や反発力を含む相互作用によって決まるので，一般的な議論は難しい）．このような効果に着目して，電子供与性の置換基ということもある．

一方，メタ配向性の置換基では同じ構造部分で，置換基のもつかなりの量の正電荷と向き合うことになる．(b) にはカルボニル基とニトロ基を例として示したが，CF_3，SO_2^- などもかなりの正電荷を帯びた原子がベンゼン環と結合する置換基である．したがって，このような共鳴構造を含むオルトあるいはパラ置換はメタ置換よりも中間体が不安定となり，そのような不安定構造が現れないメタ置換反応がより起こりやすくなる．このような効果に着目して，電子求引性の置換基ということもある．

b． 置換基による電子分布の変化による説明

一部の置換基については，中間体における共鳴を考えなくても，置換基とベンゼン環の相互作用によって，求電子試薬の反応しやすい位置が予測できる．この考えは，すでにフェノール，アニリンなどと臭素の反応で説明したが，ここでまとめて説明しておく．

図 16.2 に示したように，ベンゼン環炭素と結合する原子が非共有電子対をもっている場合は，式 (16.7) のような共鳴構造を書くことができ，オルト位とパラ位が求電子試薬の攻撃を受けやすいことが理解できる．一方，例えばニトロ基は式 (16.8) に示すように，ベンゼン環から電子を引き込むかたちの共鳴構造を書くことができ，そのためオルト位とパラ位は求電子試薬は攻撃しにくく，結果としてメタ位が反応しやすくなる．ニトロ基だけでなく，カルボニル基やシアノ基でも同じような共鳴構造が書けて，メタ配向性であることが説明できる．

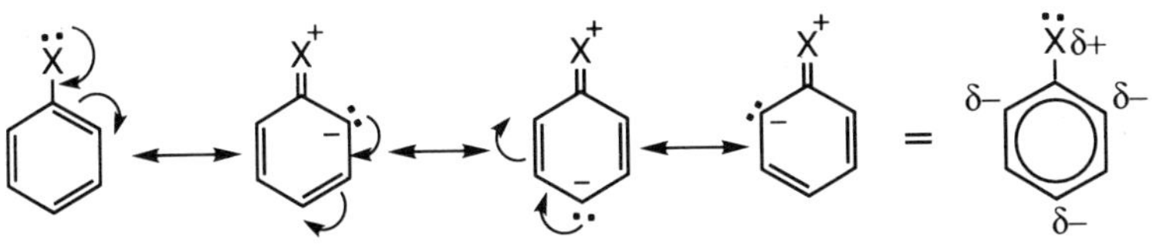

(16.7)

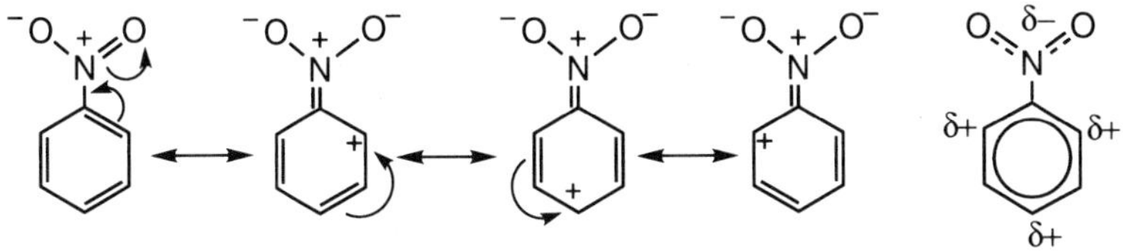

(16.8)

この説明の欠点は，共鳴構造の書けない基の配向性が説明できないことである．この点で a. の説明の方がまさっている．

16.2.4 配向性を利用した合成

このように，置換基が配向性をもつことを利用して，多くの異性体の中から特定の異性体を合成することができる．例をあげて説明しよう．

(1) トルエンから 2,4,6-トリニトロトルエンの合成

トルエンに 3 個のニトロ基を一挙に入れることはできないので，1 個ずつニトロ化を繰り返してゆく．ここで問題となるのは置換基の数が複数になったときに，それらを総合した効果としてどのような配向性が現れるかということであるが，一般に，各々の基の効果が一致した位置には反応が起こりやすい*．すなわち，まずトルエンからはオルト体とパラ体の混合物ができるが，次のニトロ化ではメチル基に対してはオルトまたはパラ，ニトロ基に対してはメタに相当する位置が幸いに一致するので，主として 2,4-ジニトロトルエンが得られる．さらに，最後に入るニトロ基もすべての基の効果が一致する 6 位に入る．

*：これはあくまでも一般則である．オルト-パラ配向性の基については，オルト体とパラ体のいずれが多くできるか基によっても反応条件によっても異なるので，複数の基を組み合わせた効果は簡単には予測できない．

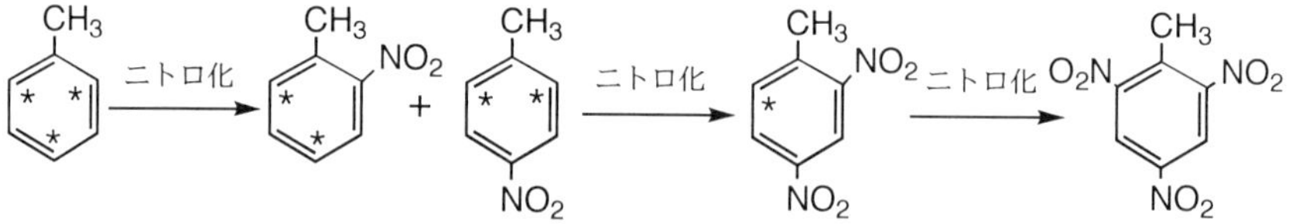

図 16.3 トルエンから 2, 4, 6-トリニトロトルエンの合成法
＊は次のニトロ基が入りやすい位置．

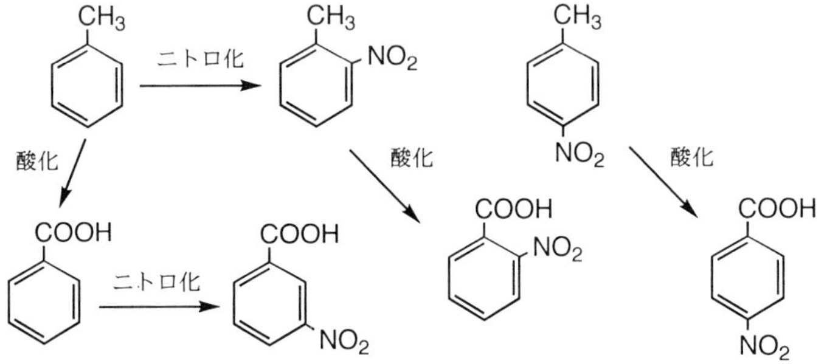

図 16.4 トルエンから 3 種のニトロ安息香酸異性体の合成法

なお，トリニトロフェノールはフェノールが硝酸で酸化されやすいため，ニトロ化を繰り返す方法では合成できない．

(2) トルエンから 3 種のニトロ安息香酸の合成

表 16.1 でわかるように，メチル基とカルボキシ基の配向性の違いを利用する．トルエンをニトロ化するとオルト体とパラ体が得られるが，この 2 つの異性体は再結晶と減圧蒸留を併用して分離することができる．こうして得られたニトロトルエンを酸化（例えば，二クロム酸ナトリウムと硫酸による）すればニトロ安息香酸となる．メタ異性体はまずトルエンを酸化して安息香酸とし，次にニトロ化を行えばよい．

ニトロ化合物——火薬と医薬

ダイナマイトの成分であるニトログリセリン，爆発力の大きさの標準としてよく引き合いに出される TNT（トリニトロトルエン）など，ニトロと名前のつく化合物には強い爆発力をもったものが多い．どちらもニトロという名称が含まれ

ていて，確かに-NO_2（基としてはニトロ基と呼ぶ）というグループが共通して存在するが，ニトログリセリンはグリセリンの硝酸エステル$O_2NOCH_2CH(ONO_2)CH_2ONO_2$でO-$NO_2$という結合をもつのに対して，TNTはC-$NO_2$結合をもっている．このほか，エステルにはニトロセルロース（綿火薬），TNTの仲間にはトリニトロフェノール（ピクリン酸）のような化合物がある．

　これらの化合物が爆薬として利用される理由は，衝撃によって分解しやすいこと，分解の際に多量の酸素および非反応性気体と熱を発生すること，使用時に気体でないこと，などである．NO_2をもった化合物はいずれもこの条件をみたしている（非反応性気体とはこの場合窒素である）．衝撃によって分解しやすいことは爆薬にとって欠くことのできない条件であるが，これは別の言い方をすれば不安定であることになる．しかし，ちょっとした衝撃でも爆発するようでは危なくて実用にはならない．そこで，実用には，分解にはかなり強い衝撃が必要なもの（例えばTNT）を主体とし，それに比較的小さな衝撃でも爆発を起こす別の物質（起爆剤という）を詰めた容器（信管という）を埋め込んでおき，起爆剤の爆発の衝撃で本体の爆発が起こるように工夫されている．信管は使用間近になって本体部分に取りつけられるようになっている．戦後50年以上経った今になってもときどき不発弾が発見されるが，これは信管内の爆発が起こらなかったため爆発しなかったものである．不発弾の発見現場で行われる「処理」とは，爆弾から信管を抜き取る作業を指している．

　ニトログリセリンは爆発力の大きさこそすぐれていたが，不安定さもまた著しい．『恐怖の報酬』というフランス映画では，このニトログリセリンの不安定さが話の中心になっていた．これをケイソウ土にみこませることによって安定なダイナマイトにすることを発明したのが，ノーベル賞の創設者のNobelである．

　じつは，ニトログリセリンにはもう1つ，狭心症の特効薬という医薬品としての用途がある．この化合物には著しい血管拡張作用があるためで，心臓発作を起こした人が舌下に含む錠剤（飲んだのでは無効）の主成分がこの化合物である．めぐり合わせというべきなのか，Nobel自身もこの薬の世話になっている．

【演習問題】

16.1　ニトロメタンの窒素の混成状態は何か．

16.2　ニトロメタンは，酸性が強い，すなわち容易にプロトンを放出する（$pK_a = 11$）ことが知られている．プロトンを放出した後のアニオンについて，

それが安定であることを共鳴により説明せよ．

16.3 フェニル基 C_6H_5 がオルト，パラ配向性であることを，式 (16.4) または (16.6) にならって共鳴構造を書くことにより説明せよ．

16.4 シアノ基 CN がメタ配向性であることを，図 16.2(b) にならって共鳴により説明せよ．

16.5 安息香酸エチル $PhCOOC_2H_5$ のニトロ化では m-ニトロ安息香酸エチルが生成物であることを，式 (16.8) を参考にして共鳴構造を書き，説明せよ．

16.6 図 16.3 に示した反応の中で，ニトロトルエン混合物のニトロ化により主生成物の 2,4-ジニトロトルエンとともに得られる副生成物は何か．

16.7 共鳴 (16.8) を参考にして，フェノール（$pK_a=9.82$）と p-ニトロフェノール（$pK_a=6.90$）の酸性の違いを説明せよ．また，トリニトロフェノール（ピクリン酸，$pK_a=0.33$）がさらに強い酸性をもつことを説明せよ．

16.8 アニリン $C_6H_5NH_2$ を濃硫酸と濃硝酸混合物によりニトロ化すると，主生成物は m-ニトロアニリンである．この反応でオルトあるいはパラ異性体がほとんど生じないのはなぜか．（ヒント：ニトロ化の反応条件を参考にせよ）

16.9 p-アミノアセトフェノン p-$H_2NC_6H_4COCH_3$ は，m-アミノアセトフェノン m-$H_2NC_6H_4COCH_3$ よりも塩基性が小さい．この違いを共鳴により説明せよ．

16.10 フェノールの水酸化ナトリウム水溶液に塩化ベンゼンジアゾニウムを加えると，アゾカップリングが起こって p-ヒドロキシアゾベンゼンを生じる（第 13 章参照）．この反応の機構を説明せよ．

問 題 略 解

【第2章】
2.1 ヘキサン，2-メチルペンタン，3-メチルペンタン，2,2-ジメチルブタン，および 2,3-ジメチルブタンの5種．
2.2 ペンチル (1級), 1-メチルブチル (2級), 2-メチルブチル (1級), 3-メチルブチル (1級), 1-エチルプロピル (2級), 1,2-ジメチルプロピル (2級), 2,2-ジメチルプロピル (1級), 1,1-ジメチルプロピル (3級) の8種．
2.3 左から順に，シクロペンタン，メチルシクロブタン，エチルシクロプロパン，1,1-ジメチルシクロプロパン．
2.4
① 2,3-ジメチルペンタン
② 2,4-ジメチルヘキサン
③ (正しい)
④ cis-1,3-ジメチルシクロペンタン
 (構造式は省略)
2.5 トランス体
2.6 日光のエネルギーが塩素ラジカルを生成するので，それが水素と反応する (以下の機構はメタンの塩素化に準じる) 結果，生成物は塩化水素になる．
2.7 メタンの量を塩素に比べて増やす．
2.8 光塩素化の例を参考にして計算すればよい．臭素化は可能である．
2.9 直鎖アルカンについて，CH_2 が1個増すごとに増加する燃焼熱を調べると，炭素数がある程度大きくなると増加量は一定値となる．この値を採用する．

【第3章】
3.1 略．
3.2 名称のみ記す．
 ① 1,1-，cis- および trans-1,2-，cis- および trans-1,3-ジクロロシクロブタン．
 ② ①と同様に，1,1-，cis- および trans-1,2- および cis- および trans-1,3-誘導体．

③ ①と同様の誘導体に，cis-およびtrans-1,4-ジクロロシクロヘキサンが加わる．
④ 1,1,2-，1,1,3-誘導体，1,c-2,c-3-，1,t-2,t-3-，1,c-2,t-3-，1,t-2,t-3-，1,c-2,c-4-，1,c-2,t-4-，1,t-2,c-4-および1,t-2,t-4-誘導体（cとtはその前の位置にある置換基に対してcisまたはtransの関係にあることを示す略号）．

3.3 グラフは，どの回転異性体も同じエネルギーになるので図3.3と同じかたちになる．違いはプロパンの方がCH_3とH間の反発力が大きいので，曲線の極大値も回転異性体のエネルギーもエタンより高くなることである．

3.4 ニューマン投影の結果は，図3.4のブタンのメチル基を塩素に置きかえたものになる．

3.5 極性の大きな構造はゴーシュ形，小さなものはトランス形（C-Clの結合モーメントがちょうど180°になるので，合成した結果は0となる）．

3.6 気体状態では，エネルギーの低いトランス形が多くなる．一方，液体状態では，分子間力が大きくなる極性構造のゴーシュ形が有利となる．

3.7 分子模型を作って確かめると容易にわかる．対角線上にある炭素原子の一方を，もう一方の原子に近づけるかたちで動かせば舟形になる（図3.8では，右側のいす形構造の右端の炭素原子を上方に動かせばよい）．次いで，他方の原子を反対方向に動かせば，反転したいす形に変わる．つまり，いす形の反転では舟形が遷移状態となりうることがわかる．

【第4章】

4.1および4.2 全部で12種あり，そのうち環をもったものは図2.4に示してある（これらの名称は問題2.3の解答を参照のこと）．鎖状のものは，1-および2-ペンテン（シス体とトランス体），2-メチルおよび3-メチル-1-ブテン，2-メチル-2-ブテン．

4.3 1-ペンテンからは2-ブロモペンタン，2-ペンテンからは2-ブロモおよび3-ブロモペンタンの混合物が生成する．

4.4 2-アルケンの方が1-アルケンよりも安定であるため．2-メチル-2-ブタノールからは二重結合の置換基の数が最も多い2-メチル-2-ブテンが生成する．

4.5 三重結合への水素の付加では，触媒面に吸着された水素が反応するので，生成物は主としてシス体となる．

4.6 反応の機構は下式のとおり．

$$RCH=CHR \xrightarrow{H^+} RCH_2-\overset{+}{C}HR \xrightarrow{H_2O} RCH_2-CHR \xrightarrow{-H^+} RCH_2-CHR$$
$$\hspace{8cm} +OH_2 \hspace{3cm} OH$$

4.7 ニューマン投影を使って示す.

（シス体 + Br₂ → ラセミ体生成物 + 鏡像異性体）
（トランス体 + Br₂ → メソ形）

4.8 2-メチル-2-ペンテン
4.9 シクロヘキセン

【第5章】
5.1 1位と2位は sp^2 混成，4位と5位は sp 混成，3位は sp^3 混成．
5.2 三重結合を形成する2個の炭素原子と，その両側にある2個の炭素原子，計4個の原子が直線上に並ばなければならないので，6員環をつくるには歪みが大きすぎる．
5.3 分子の付加では 2-ブロモプロペンが，2分子の付加では 2,2-ジブロモプロパンが主生成物となる．
5.4 酸解離平衡定数はエタン<エチレン<アセチレンの順になっているから，混成状態では，$sp^3 < sp^2 < sp$ の順になる．
5.5 アセチレンよりもエタノールの方が酸性が強いので，アルコールの塩に相当するナトリウムアルコキシドができて，アセチレンが遊離する．

【第6章】
6.1 構造式は略．名称は cis-2-cis-4-，cis-2-trans-4- および trans-2-trans-4-ヘキサジエンの3種．
6.2 3位の二重結合で分子は 90° ねじれるが，4位の二重結合によってさらに 90° ねじれるので，6個の炭素原子は同一平面上にのる．したがって異性体は，1位と6位の2個のメチル基の向きによって生じるシス-トランス異性体である．
6.3 1,2-ブタジエン
6.4 上から順に，1-ペンテン，2-ペンテン，1,3-ペンタジエン，1,4-ペンタジエン．
6.5 次図のとおり（骨格のみを示す）．

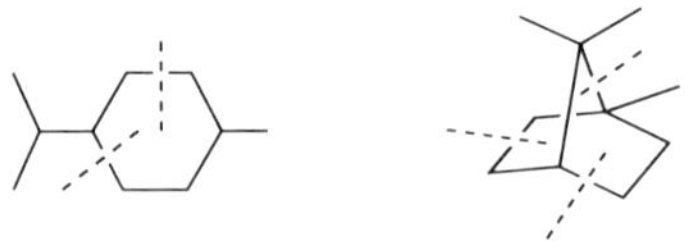

200　問題略解

　　　　　　　メントール　　　　ショウノウ

6.6 ビタミンAの場合は下図のとおり．カロテンの場合は省略．

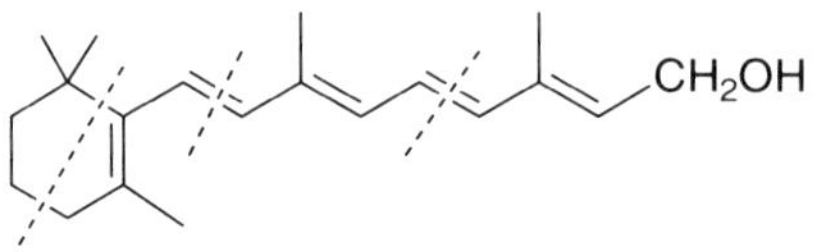

6.7 二重結合炭素にメチル基があり，その立体効果によりシス形とトランス形のエネルギー差があまりないため．

【第7章】

7.1 共鳴構造式は下のようになる．付加が起こりやすいのは，共鳴構造中で最も二重結合の割合が多い9，10位（矢印の示す結合）である．また，この位置の結合は距離が最も短い．

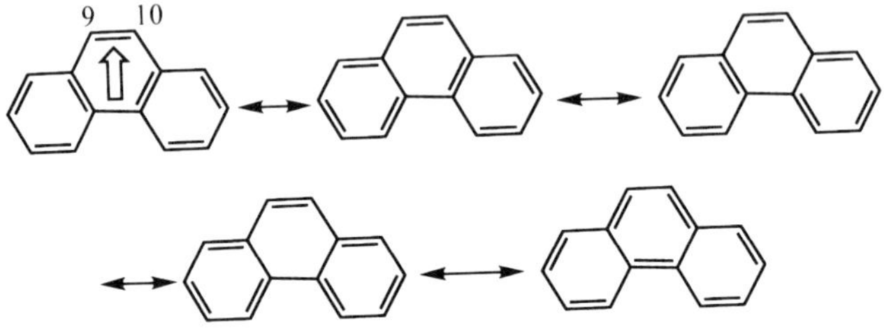

7.2 略．いずれのイオンでも，すべての炭素原子上に電荷が分布するという結果になる．

7.3 前問解答でも述べたように，シクロペンタジニドイオンの負電荷は，環を構成する5個の炭素に均等に振り分けられる．したがって，^{14}C と重水素が結合した誘導体は生成物の1/5だけできる．

7.4 平衡がいくら速くても，二重結合が3個あることにはかわりがないので，たとえば，臭素の付加が容易に起こるはずである．この点が，ベンゼンの構造と本質的に異なる．

7.5 略．

7.6 プロトンの付加で生じるのはより安定な第2級のイソプロピルカチオン．第1

【第8章】

8.1 反転しても実像と鏡像の関係は変わらないようにみえるが，下図において斜めに矢印で結んだ構造（aとb′, bとa′）は同じものである．つまり，ラセミ体であるので旋光性は示さない．

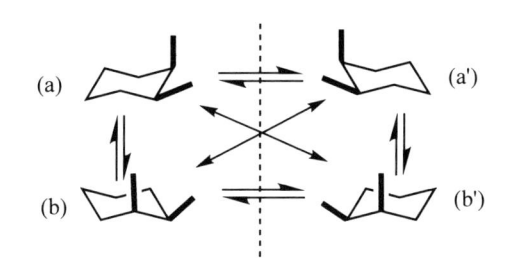

8.2 トランス体自身はキラルであるが，生成物はラセミ体となるからである．
8.3 炭素-炭素結合の中点にある．
8.4 個々の構造は省略するが，異性体は8種ある．シクロヘキサン環は平面として考える．キラルな異性体は，cis, trans, trans, trans, cis の配置をもったものである．
8.5 個々の投影式は省略するが，2種のメソ形異性体と1組の鏡像異性体がある．
8.6 略．
8.7 ①アキラル，②キラル，③キラル，④キラル，⑤アキラル．
8.8 2位に十分に大きな基があれば回転は止まるが，1個ではキラルにはならない（対称面がある）．最低，2位と2′位に2個あればキラルになりうる（回転異性体のゴーシュ形に相当する）．
8.9 ①R，②R，③S，④2つある不斉分子のいずれもR．

【第9章】

9.1 問6.2の解答で述べたように，これはシス-トランス異性体．したがって，双極子モーメントを測定すれば区別ができる．
9.2 C-ハロゲン結合の結合エネルギーと同様の順位なので，結合の切れやすさもHF＜HCl＜HBr＜HIの順になり，これは酸性の順位でもある．
9.3 極性の大きなC-Cl結合があり，高分子鎖間の引き合う力が強くなるため．
9.4 PCBはビフェニルの塩素置換体である．コプラナーとは2つのベンゼン環が同一平面上にある，という意味である．8.6節で述べたように，2, 2′, 6, 6′などの位置

にかさ高い置換基が入ると分子がねじれて同一平面上にあることが難しくなるので，これらの位置に塩素がない誘導体という意味である．しかし，置換基のないビフェニル自身でも，じつは40°近くねじれている．

9.5
(1) S_N2 機構では，生成物はもとの化合物と逆の旋光度をもつので，1分子反応するごとに，もとの分子の旋光性が失われるだけでなく，新しい分子のもつ逆の旋光性により，旋光度の「打ち消し」という現象が加わる．S_N1 機構では，鏡像異性体が等量生成するので，両者の速度は一致する．
(2) 旋光度がゼロになった時点で，ラセミ体になる．これから先はどちらの鏡像異性体も同じ確率で反応を起こすので，常に等量の鏡像異性体が生成する．

9.6 極性の大きな溶媒なので，S_N1 機構でカルボカチオンが中間体になった反応．

9.7 ホルムアルデヒド（問題 9.9(4)参照）

9.8 下図に示すとおり．

(1) 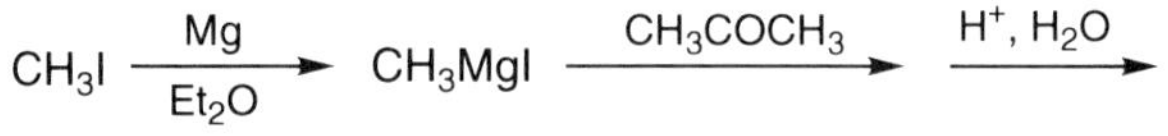 $CH_3I \xrightarrow[Et_2O]{Mg} CH_3MgI \xrightarrow{CH_3COCH_3} \xrightarrow{H^+, H_2O}$
  （CH_3COCH_3 のかわりに $CH_3COOC_2H_5$ でもよい）

(2) 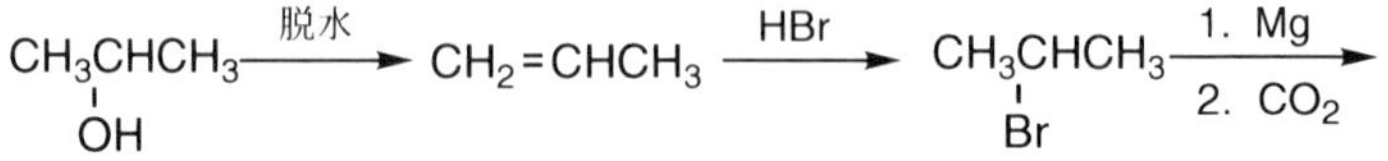 $CH_3CHCH_3 \xrightarrow{脱水} CH_2=CHCH_3 \xrightarrow{HBr} CH_3CHCH_3 \xrightarrow[2.\ CO_2]{1.\ Mg}$
    $\quad\ |\qquad\qquad\qquad\qquad\qquad\qquad\qquad\qquad\ |$
    $\ OH\qquad\qquad\qquad\qquad\qquad\qquad\qquad\qquad Br$

(3) $CH_3MgI +$ (シクロペンタノン)$=O \xrightarrow{H^+, H_2O}$ (シクロペンタノール, OH, CH_3) $\xrightarrow{脱水}$
   ((1)で合成)

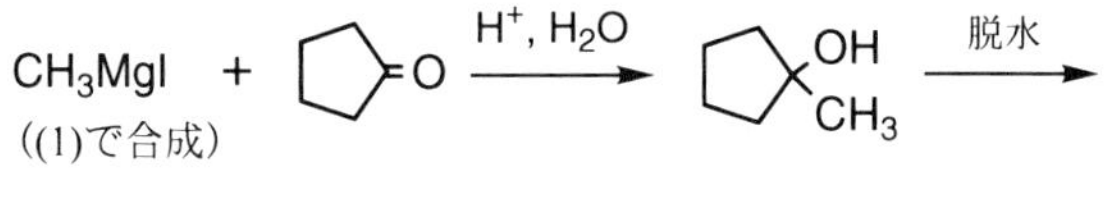

(4) 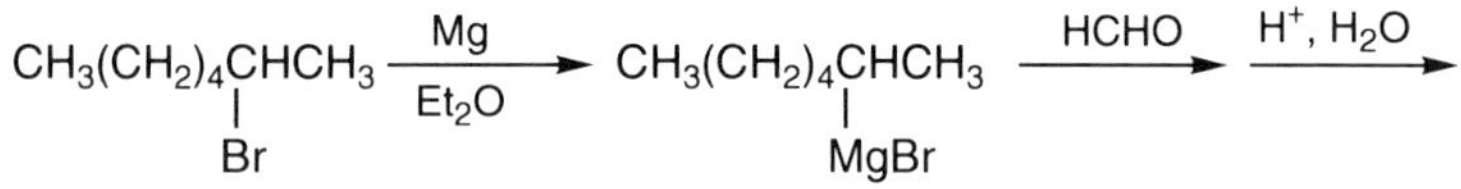 $CH_3(CH_2)_4CHCH_3 \xrightarrow[Et_2O]{Mg} CH_3(CH_2)_4CHCH_3 \xrightarrow{HCHO} \xrightarrow{H^+, H_2O}$
    $\qquad\qquad\ |\qquad\qquad\qquad\qquad\qquad\qquad\ |$
    $\qquad\quad Br\qquad\qquad\qquad\qquad\qquad\qquad MgBr$

9.9 カルボキシ基のもつ水素は水以上に活性で，グリニャール試薬を分解してしまうため．

9.10 共鳴構造は略．192ページの式（16.7）で，Xを塩素原子に置き換えればよい．共鳴の結果，塩素とベンゼン環の間の結合の二重結合性が増し，結合が切れにくくなる．

【第10章】

10.1 1,1-ジメチルエタノール，t-ブチルアルコール

10.2 下図参照（いずれも S 配置の構造を示した）．

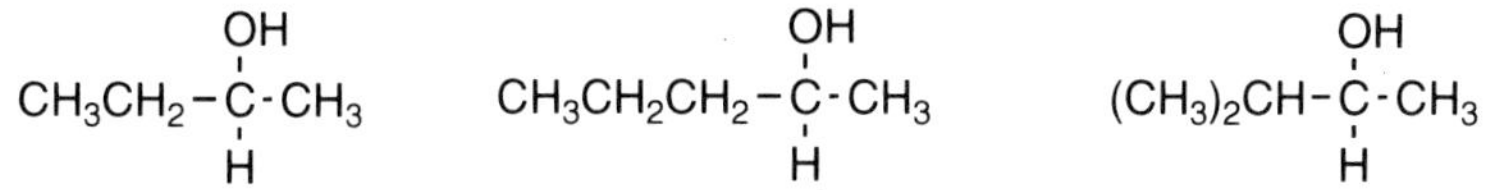

$$CH_3CH_2-\underset{H}{\underset{|}{\overset{OH}{\overset{|}{C}}}}-CH_3 \qquad CH_3CH_2CH_2-\underset{H}{\underset{|}{\overset{OH}{\overset{|}{C}}}}-CH_3 \qquad (CH_3)_2CH-\underset{H}{\underset{|}{\overset{OH}{\overset{|}{C}}}}-CH_3$$

(S)-2-ブタノール　　　　　(S)-2-ペンタノール　　　　(S)-3-メチル-2-ブタノール

10.3 官能基の種類と数が共通ならば，分子量の順になる．

10.4 酸としての強さと逆になるから，エタノールの方が強い．

10.5 置換基の数が多く，より安定な二重結合であるから．

10.6 E2機構では，プロトンが付加したオキソニウムイオンから水が取れるのと同時に，隣接する炭素と結合した水素がプロトンとなって脱離することになるが，アルコールの脱水条件ではプロトンを引き抜けるだけの強力な塩基が存在しない．

10.7 フェノールは酸性が強い分だけ塩基性が弱い．濃硫酸中でオキソニウムイオンが生じても，それと結合するベンゼン環炭素を攻撃できるほどフェノール酸素の求核性は大きくない（式 (10.10) 参照）．

10.8 生じたアルコキシカチオンは不安定なので，安定な第3級カルボカチオンに転移する．

【第11章】

11.1 水素結合

11.2 よく溶ける．環状エーテルが水によく溶けることを思い出してほしい．水は真ん中の空間にも入ることができる．

11.3 エーテル中には酸が溶け込んでいて，これが加えた炭酸水素ナトリウム水溶液と反応（中和反応）して発泡するので，激しく振ると泡とともにエーテルがあふれ出ることがある．

11.4 フェノールの共鳴構造からもわかるように，Ph–O 結合はアルコールよりも強い（結合エネルギーが大きい）ので，O–CH₃ 側の結合が切れる．

11.5 ナトリウムメトキシドは強力な塩基なので，置換反応よりも臭化水素の脱離が優先してイソブチレン（2-メチルプロペン）が生成する．目的のエーテルを合成するには，ナトリウム t-ブトキシドとヨウ化メチルを反応させる．

11.6 結合の歪みが大きいので，炭素-酸素結合が切れやすい．

【第12章】

12.1 メタノールはすでに分子間で水素結合をしている．アセトンと水素結合を作るには，この結合を切らなければならないので，その分だけエネルギーが奪われる．

12.2 オキシムはヒドロキシルアミン H_2NOH との反応生成物．ヒドラゾンは H_2NHN-R（または-Ar）との反応生成物．

12.3 いずれもOHやNHがあって，分子間で水素結合をつくれるから．

12.4 このカルボカチオンは第3級であるうえに，酸素原子上の非共有電子対との共鳴によりさらに安定化されるので，容易に生成してしまう．

12.5 下図のような環状のアセタールが生成する．

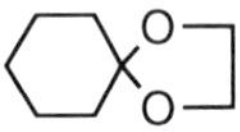

12.6 下図のような構造をもつ異性体となる．これは分子内で生じた環状のヘミアセタールである．新しく生じたOH基の向き（紙面の上か下か）により2種の異性体が生じる．糖類の環状構造もこの反応による．

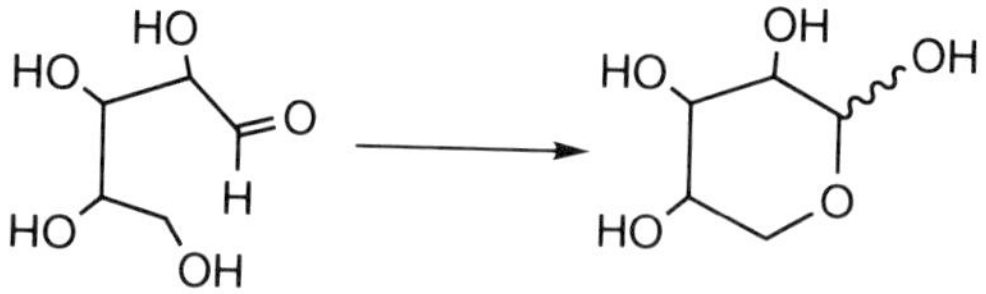

12.7 塩基によりプロトンを引き抜かれて生じたアニオンがもとに戻るときに，重水から重水素を受け取る過程を繰り返すことによって生じる．

12.8 このケトンから生じるエノールはアキラルな平面分子である．したがって，もとのケトンに戻るときにラセミ化する．

12.9 カルボニル基と共役二重結合の関係になり，安定であるから．

12.10 塩基によるプロトンの引き抜きと生じたアニオンの共鳴構造で説明できる．

12.11

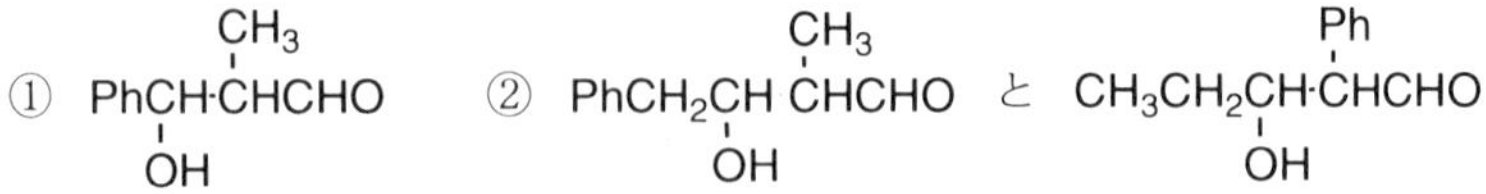

① PhCH(OH)CH(CH₃)CHO   ② PhCH₂CH(CH₃)CHO(OH) と CH₃CH₂CH(Ph)CHO(OH)

12.12

$$R-\overset{+}{C}=O \longleftrightarrow R-C\equiv \overset{+}{O}$$

12.13 アセトフェノン $PhCOCH_3$ が生成する．

【第13章】

13.1 略．

13.2 共鳴構造（13.3）でわかるように，ベンゼン環炭素と窒素間には二重結合性があるから．

13.3 アンモニアとメタノール間に，メタノール間よりも強い水素結合が生じるため．強い水素供与体と強い水素受容体の組合せになる．

13.4 分子間の水素結合に必要な NH 水素が残ったまま，分子量が増加するため．

13.5 略．機構は S_N1 反応の中間体のカルボカチオンからアルケンとアルコールが生じるのと完全に同じである．

13.6 分解すると，窒素分子とフェニルカチオンを生じる．フェニルカチオンはベンゼン環炭素と窒素の結合が切れて生じるもので，炭素には空の sp^2 軌道が残る．この軌道は環と同じ平面内にあるので共鳴効果は受けられず，きわめて不安定なカチオンである．このような不安定なフェニルカチオンを生成する反応は進行しにくい．

13.7 アルキル化が起こるとハロゲン化水素が生じる．この化合物は酸性でただちにアミンと反応して塩をつくる．すべてのハロゲン化水素が生成物の第 2 級アミンと反応してくれればよいが，一部は原料の第 1 級アミンとも反応する．したがって，ハロゲン化アルキル 1 mol に対して，少なくとも 2 mol のアミンを反応させる．さらに，第 3 級アミンの副生を防ぐ意味でも，もっと多量の第 1 級アミンを使った方がよい．

【第 14 章】

14.1 共鳴構造式は略．ベンゼン環とカルボキシ基のカルボニル基の間に共鳴構造が書ける．しかしこのカルボニル基はカルボキシ基自身の共鳴（図 14.1）にも関与していて，こちらの共鳴効果の方が大きい．したがって，安息香酸の酸性は脂肪族の酸とあまり違わない．

14.2 誘起効果を持つ塩素が 1 個よりも 3 個ある方が，また誘起効果の大きな（電気陰性度の大きな）フッ素置換体の方が酸性は強い．

14.3
(1), (2) 次頁の式参照．これらのカチオンが安定な理由は，正電荷の非局在化が著しいからだけでなく，2, 6 位にある 2 個のメチル基がカルボニル基を覆って，脱離した水が近づくのを妨げていることにもよる．

(3) sp 混成．

(1) [反応式: 2,6-ジメチル安息香酸 + H⁺ ⇌ プロトン化体 ⇌ (−H₂O) アシルカチオン Ar−C≡O⁺]

(2) [共鳴構造式: Ar−C≡O⁺ ↔ ... ↔ ... ↔ （以下略）]

14.4 α 位に結合したアミノ基窒素の誘起効果による．同じ理由で，グルタミン酸はアミノ基に近いカルボキシ基の方が，またリシンはカルボキシ基に近いアミノ基の方が pK_a 値が小さい．

14.5 フェニル酢酸 PhCH₂COOH

14.6 A：ヨウ化水素，B：マグネシウム，C：二酸化炭素，D：RCO₂MgI．

14.6 A：シアン化水素，B：α-ヒドロキシカルボン酸 RCH(OH)COOH．

【第 15 章】

15.1
 (1) アセチル化と同時に生成した塩化水素とアミンとの塩（トルエンには不溶）．
 (2) 等 mol づつ反応させたため，ジエチルアミンの半分は反応できない塩に変わってしまった．

15.2 脂肪酸エステルの沸点は，構成炭素の数と平行して変化する．これは，水素結合のような分子間力がなくなってしまったからである．

15.3 アルコールが脱離すると，残りの部分はアシルカチオン RCO⁺ になるが，これは非常に不安定で生成しにくい．ただし，濃硫酸中のような特殊な条件下では生成する（問 14.3 参照）．

15.4 下式のとおり．

[反応機構: R¹−C(=O)OR² + H₂N−Ph → 四面体中間体 → (−R²OH) → R¹−C(=O)−NH−Ph]

15.5 酸素と結合すると図のように正電荷の非局在化が可能で，カチオンは安定である．窒素と結合すると，この効果がない（次式参照）．

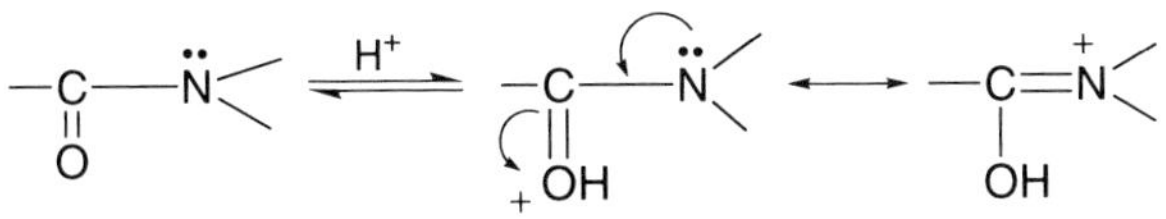

15.6 共鳴 (15.11) でわかるように，C-N 結合には二重結合性があるので，この結合を軸とする回転が遅くなる．

15.7 塩素は電気陰性度が大きく，エステルやアミドにみられるようなカルボニル基との共鳴の寄与がほとんどなく，C-Cl 結合が弱いため．

【第16章】

16.1 sp² 混成

16.2 下に示すような共鳴構造により安定となる．

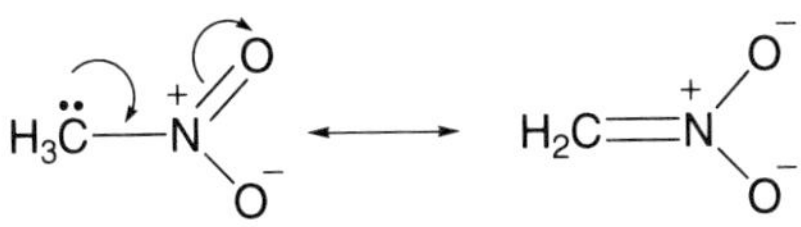

16.3 略．

16.4 略．シアノ基自身に炭素に正電荷，窒素に負電荷をもつ共鳴構造が書けるので，さらにこの炭素上の正電荷がベンゼン環中に非局在化する共鳴構造を書けばよい．

16.5 略．図 16.2(b) を参照のこと．

16.6 2,6-ジニトロトルエン

16.7 フェノールの共鳴構造（図 10.4）にみられるベンゼン環中に負電荷がある構造に加えて，その負電荷のある炭素にニトロ基の結合したかたちが問題のニトロ誘導体である．したがって，問 16.2 と同じ型の共鳴構造がさらにつけ加わることになる．

16.8 濃塩酸中ではアニリンはプロトンと結合してアンモニウム塩のかたちになっている．これは，表 16.2 にあるようにメタ配向性である．

16.9 パラ位にあるカルボニル基は，アニリンの共鳴構造の1つであるパラ位炭素上に負電荷をもった構造につけ加えて共鳴構造を書くことができる．つまりパラ異性体は窒素の非共有電子対の非局在化がメタ異性体よりも大きい．

16.10 この条件ではフェノールはフェノキシドイオンの状態で存在し，ベンゼン環の電子密度は高い．そのため，ジアゾニウムイオンが容易に反応する．

索 引

ア 行

I 効果　170
アイソタクチック　43
IUPAC 命名規則　4
アキシアル結合　31
アキラル　87
アクリルアルデヒド　140
亜硝酸　160
亜硝酸ナトリウム　160
アシル化試薬　179
アシル基　178
アセタール　142, 144
アセチリド　56
アセチルアセトン　138, 144
アセチレン　52
アセチレン系炭化水素　51
アセチレン・ボンベ　54
アセトアルデヒド　56
アセトン　139
アセトン-クロロホルム溶液　139
アゾ化合物　161
アタクチック　43
アニシジン　155
アニリン　155
　——の共鳴構造　158
アミド　182
　——の共鳴構造　183
アミノ　155
アミノ酸　171
アミン　154
アリル　35
アリール　72
アリールオキシ基　129
R, S 表示　95
アルカロイド　158, 163
アルカン　10
　——の合成法　19

アルキル基　11
アルキン　51
アルケン　34
アルコキシ基　129
アルコキシド　120
アルコラート　120
アルコール　116
　——の酸化　125
アルデヒド　137
　——の還元性　149
アルデヒド基　137
アルドール縮合　148
アレーン　71
アレン　60
安定化則　65, 74
アントラセン　71

いす形　30
異性体　13
イソ　13
イソプレノイド　67
イソプレン　65
3-イソペンテニルピロリン酸　68
1 分子求核置換反応　105
1 分子脱離反応　108
E1 脱離機構　123
E1 反応　108
E2 反応　108

Williamson の合成　135
右旋性　88
ウラシル　145

エクアトリアル結合　31
S_N1 機構　124
S_N1 反応　105
S_N2 機構　124
S_N2 反応　105

エステル　179
エステルの加水分解　180
SBR ゴム　66
sp 混成軌道関数　52
sp 混成状態　52
sp^2 混成軌道関数　38
sp^2 混成状態　37
sp^3 混成軌道関数　15
sp^3 混成状態　15
エチレングリコール　117
エチレン系炭化水素　34
エーテル　124, 129
エナンチオマー　87
NMR　80
エノール形　144
エポキシ　130
l-体　88
塩化アルミニウム　83, 133, 150
塩化チオニル　113, 185
塩基　7
塩基性　157
エンケファリン　164
塩素の吸収　18
塩素ラジカル　17
エンドルフィン　164

オキシム　143
オキソ　138
オゾニド　42
オリゴマー　67
オルト　72
オルト-パラ配向性　189
オレフィン　34

カ 行

回転異性体　28
核磁気共鳴　80
重なり形　26

過酸化物 134
加水分解反応 178
ガスライター 19
カーバイド 57
過マンガン酸カリウム 41
火薬 194
加硫 67
カルボカチオン 47, 84
——の安定性 47
カルボキシ 166
カルボニウムイオン 47
カルボニル化合物 137
カルボニル基 137
カルボン酸 166
カルボン酸誘導体 177
環式炭化水素 20
官能基 2
慣用名 4

幾何異性 22
幾何異性体 35
キシリトール 128
キシレン 71
求核試薬 104, 159
——との反応 178
求核置換反応 103
求電子試薬 190
求電子置換反応 190
鏡像異性 86, 87
鏡像異性体 87
共鳴 75
共鳴構造 75, 76
共鳴混成体 76
共役 64
共役塩基 7
共役酸 7
共役二重結合 64
極限構造 76
局在化 74
極性結合 5
キラリティー 61, 86
キラル 61, 87
銀鏡反応 149

グッタペルカ 65
クメン 126
クメン法 126
クラウンエーテル 132
グリコール 41

グリセリン 117
グリニャール試薬 19, 110, 131
グリニャール反応 110, 142, 174
クロロプレン 66
クロロプレンゴム 66
クロロホルム 102

携帯コンロ 19
ケクレ 85
血液代用品 112
結合エネルギー 18, 53, 105
結合エンタルピー 18
結合ひずみ 22
ケト形 144
ケトン 138
ゲラニオール 67

光学異性体 87
光学活性 87
高級脂肪酸 175
合成ゴム 66
高密度ポリエチレン 44
五塩化リン 113, 185
ゴーシュ形 27
コプラナー PCB 114
互変異性 145
互変異性体 145
コールタール 83
コンホメーション 26

サ 行

ザイチェフ則 109
左旋性 88
酸 7
酸塩化物 185
酸解離定数 8, 57, 120
三重結合 51
酸素アセチレン炎 54
ザントマイヤー反応 161
三ハロゲン化リン 113
三フッ化ホウ素 133
酸無水物 185

ジアステレオマー 89
ジアゾカップリング 161
ジアゾニウムイオン 160
シアノヒドリン 142

シアン化水素 58
ジオキサン 130
脂環式炭化水素 20
σ 結合 38
シクロアルカン 20
——の燃焼熱 22
シクロオクタテトラエン 79
シクロブタジエン 79
シクロブタン 22
シクロプロパン 22
シクロヘキサン 29
シクロペンタジエン 84
シクロペンタン 32
1, 2-ジクロロエタン 89
ジクロロメタン 103
cis- 21
シス異性体 22
シス体 22
シス-トランス異性 22
シス-トランス異性体 35
シッフ塩基 143
シナモン 151
CPK 模型 25
脂肪酸 167
——の脱炭酸 20
ジメチルシクロプロパン 87
ジャコウジカ 151
酒石酸 98
順位則 95
ショウノウ 68
シンジオタクチック 43
親水基 119
シンナムアルデヒド 151
親油基 119

水素化 19
水素化エンタルピー 36
水素化熱 63, 73
水素化ホウ素ナトリウム 126, 150
水素化リチウムアルミニウム 126, 150
水素結合 6, 118, 159, 170, 184
スチルベン 40

セイチェフ則 109
接触改質法 83
接触還元 163
絶対配置 95

遷移状態 106
旋光性 88

双極子モーメント 5, 101, 140
組織名 4
疎水基 119

タ 行

第1級アミン 154
第1級アルキル基 14
第1級アルコール 118
第2級アミン 154
第2級アルキル基 14
第2級アルコール 118
第3級アミン 154
第3級アルキル基 15
第3級アルコール 118
第4級アンモニウムイオン 154
ダイオキシン 102
対称心 91
対掌体 87
対称面 91
ダイナマイト 194
脱水剤 49
脱水反応 123
脱離基 104
脱離反応 108
炭化カルシウム 57
炭素-炭素間の結合距離 53
炭素陽イオン 47

チーグラー触媒 44
中間体 106
直線偏光 87

通俗名 4

dl 体 89
d-体 88
DDT 102
低密度ポリエチレン 44
ディールス・アルダー反応 62
テトラヒドロフラン 130
テトラフルオロホウ酸ナトリウム 126
テフロン 112
デュワー構造 76
テルペン 65, 67

電気陰性度 5, 77, 105
電子求引性 192
電子供与性 192
電子スペクトル 63
天然ガス 19
天然ゴム 65

同族体 10
同族列 10
等電子構造 188
特性基 3
$trans$- 21
トランス異性体 22
トランス形 27
トランス体 22
トリニトロトルエン 194
2, 4, 6-トリニトロトルエン 193
トリニトロフェノール 194
トリル 72
トルイジン 155
トルエン 70
Tollens 試薬 149

ナ 行

内部回転 26
ナッタ触媒 43
ナフサ 83
ナフタレン 71
ナフチル 72

ニトリル 163, 174
ニトリルイオン 189
ニトロ安息香酸 194
ニトロイルイオン 189
ニトロ化合物 187
ニトロ基 162, 187
ニトログリセリン 194
ニトロセルロース 194
N-ニトロソアミン 160
ニトロソ基 187
ニトロニウムイオン 189
2分子求核置換反応 105
2分子脱離反応 108
ニューマン投影 26
二リン酸3-メチル-3-ブテニル 68

ネオプレン 66

索 引 211

ねじれ形 26

n-アルカン 11

ハ 行

π 結合 38
配向性 188
倍数接頭語 12
橋架けカチオン 45
バターイエロー 162
バニリン 151
パラ 72
パラフィン 11
ハロ 100
ハロゲノ 100
ハロゲン化アルキル 83
ハロゲン化合物 100
ハロゲンの反応性 104
反転 30, 156
反転異性体 30
反応中間体 106

BHC 102
非局在化 65, 74
ピクリン酸 194
PCB 102
比旋光度 88
非組織名 4, 14
ビタミン A_1 63
BTX 83
ヒドラゾン 143
ヒドロキシ基 116
ヒドロキシル基 116
ビニル 35
ピペロナール 151
氷酢酸 185
ピラミッド形構造 156

ファンデルワールス力 6
フィッシャー投影 92
封筒形 32
フェナントレン 84
フェニル 72
フェノキシド 120
フェノキシドイオンの共鳴構造 122
フェノラート 120
フェノール 116
——の共鳴構造 121

212　索　引

フェーリング溶液　149
不斉原子　87
不斉炭素原子　87
ブタジエン　62
フッ素化合物　111
フッ素ゴム　111
ブドウ酸　98
ブナS　66
舟形　30
フリーデル-クラフツ反応　83, 150
ブレンステッド-ローリーの定義　7
プロパジエン　60
プロパンガス　19
プロピオンアルデヒド　140
フロン　112
分子不斉　62

平面偏光　87
β-カロテン　63
ヘミアセタール　142, 144
ヘリオトロープ　151
ヘロイン　163
ベンジル　72
ベンジルアニオン　82
ベンジルカチオン　82
ベンゼン　70

芳香族性　70, 79
芳香族炭化水素　70
飽和炭化水素　10
ボート形　30
ポリ塩化ビニル　114
ポリテトラフルオロエチレン　112
ポリプロピレン　43
ポリマー　43
ホルマリン　139
ホルミル基　137

マ　行

マグネシウム化合物　110
マルコウニコフ則　47, 126

ミント　68

ムスコン　151

命名規則　12
メソ酒石酸　87
メタ　72
メタ配向性　190
メタン系炭化水素　11
メチルオレンジ　162
2-メチル-1,3-ブタジエン　65
メチルラジカル　17
メントール　68

モノマー　43
モルヒネ　163

ヤ　行

ヨウ化水素酸　134
溶媒和　105, 131
ヨードホルム反応　147

ラ　行

ラクタム　183
ラクトン　180
ラジカル連鎖反応　18
ラセミ体　89

立体配座　26
立体配置　21
立体配置の反転　108

リンドラー触媒　50

ルイス塩基　8, 123, 133
ルイス酸　8, 113, 141, 150
ルイスの定義　7

レッペ反応　54
レプリカ原子　96
連鎖反応　17

著者略歴

務台　潔(むたい　きよし)

1935 年　長野県に生まれる
1963 年　東京大学化学系大学院
　　　　博士課程修了
現　在　東京大学名誉教授
　　　　電気通信大学教授
　　　　理学博士

基本化学シリーズ 14
新有機化学概論　　　　　　　　　定価はカバーに表示
2000 年 9 月 10 日　初版第 1 刷

著　者　務　台　　　潔
発行者　朝　倉　邦　造
発行所　株式会社　朝　倉　書　店
　　　　東京都新宿区新小川町6-29
　　　　郵便番号　162-8707
　　　　電話　03(3260)0141
　　　　FAX　03(3260)0180
　　　　http://www.asakura.co.jp

〈検印省略〉

© 2000 〈無断複写・転載を禁ず〉　　　シナノ・渡辺製本
ISBN 4-254-14604-3　C 3343　　　　Printed in Japan

Ⓡ〈日本複写権センター委託出版物・特別扱い〉
本書の無断複写は，著作権法上での例外を除き，禁じられています．
本書は，日本複写権センターへの特別委託出版物です．本書を複写
される場合は，そのつど日本複写権センター（電話03-3401-2382）
を通して当社の許諾を得てください．

基本化学シリーズ

A5判全14巻
代表　山田和俊

第1巻　「有機化学」　　168頁　本体2700円
化学結合と分子／アルカン／アルケンおよびアルキン／ハロゲン化アルキル／立体化学／アルコールおよびフェノール／アルデヒド，ケトン，カルボン酸とその誘導体／カルボニル化合物の反応／芳香族化合物とその反応／アミン／複素環化合物／アミノ酸，タンパク質および酵素／他

第2巻　「構造解析学」　　200頁　本体3400円
紫外−可視分光法（吸収と発光）／赤外分光法／プロトン核磁気共鳴分光法／炭素−13核磁気共鳴分光法／二次元核磁気共鳴分光法／質量分析法／X線結晶解析／総合演習問題

第3巻　「基礎高分子化学」　　200頁　本体3400円
概要／合成高分子の生成／高分子の反応／高分子の構造／高分子溶液の性質／力学的性質／応用

第4巻　「基礎物性物理」　　144頁　本体2400円
序論／数学基礎／力学の基礎概念／統計力学の基礎概念／エネルギー量子の発見／物質の波動性と不確定性／波動関数とシュレディンガー方程式／原子の構造／量子力学における近似法の基礎／分子の化学結合と結晶中の電子／量子物性の最近の話題

第5巻　「固体物性入門」　　148頁　本体2500円
固体物性ことはじめ／試料の精製／測定用試料の作成法／試料の同定および純度決定／固体の構造／結晶構造の解析／固体の光学的性質／電気伝導／不純物半導体／超伝導／薄膜／相転移

第6巻　「物理化学」　　148頁　本体2700円
物理化学とは／理想気体／実在気体／熱力学第一法則／エントロピーと熱力学第二，第三法則／自由エネルギー／相平衡／イオンを含む平衡／電気化学／反応速度

第7巻　「基礎分析化学」　　208頁　本体3500円
分析化学の基礎知識／容量分析／重量分析／液-液抽出／イオン交換／クロマトグラフィー／光分析法／電気化学分析法

第8巻　「基礎量子化学」　　152頁　本体2800円
原子軌道／水素分子イオン／多電子系の波動関数／変分法と摂動法／分子軌道法／ヒュッケル分子軌道法／軌道の対称性と相関図

第9巻　「基礎無機化学」　　216頁　本体3600円
元素発見の歴史／原子の姿／元素の分類／元素各論／原子核，同位体／化学結合／固体

第10巻　「有機合成化学」　　192頁　本体3200円
炭素鎖の形成／芳香族化合物の合成／官能基導入反応の化学／官能基の変換／有機金属化合物を利用する合成／炭素カチオンを経由する合成／非イオン性反応による合成／選択合成／生体機能関連化学と有機合成／レトロ合成

第11巻　「産業社会の進展と化学」　　168頁　本体2800円
序論／産業の変化と化学／化学産業と化学技術／社会生活を支える化学技術／環境との調和と新エネルギー／新しい産業社会を拓く化学

第12巻　「結晶化学入門」　　192頁　本体3200円
いろいろな結晶を眺める／結晶構造と対称性／X線を使って結晶を調べる／粉末X線回折法の応用／結晶成長／格子欠陥／結晶に関する各種データの利用法

第13巻　「物質科学入門」　　148頁　本体2700円
物質の構成／物質の変化／水溶液とイオン／身の回りの物質／化学進化／地球を構成する物質／地球をめぐる物質／物質と地球環境

第14巻　「新有機化学概論」　　224頁　本体2900円
有機化学を学習するにあたって／脂肪族炭化水素／飽和炭化水素の立体構造／アルケン／アルキン／複数の不飽和結合をもった化合物／芳香族炭化水素／立体化学／ハロゲン置換炭化水素／アルコールとフェノール／エーテル／カルボニル化合物／アミン／カルボン酸／カルボン酸誘導体／ニトロ化合物と芳香環への置換反応

上記価格（税別）は2000年8月現在